今日から
モノ知り
シリーズ

トコトンやさしい

熱処理の本

坂本　卓

熱処理は私たちの身のまわりの工業製品に広く使われています。包丁やナイフなどの刃物をはじめ、自転車や自動車のパーツなどあらゆる金属製部品に適用され、それぞれの機能が最大に発揮できるように工夫されています。

B&Tブックス
日刊工業新聞社

はじめに

熱処理は私達の生活の中で知らず知らずのうちに存在しています。たとえば「身体がなまった」という。「なまった」とは「鈍る」の意味で、身体の内部に力が入らないで、筋肉が弛緩したような気持ちを言い表しますが、これは「弾力性」や「ハリ」がなくなり、力が抜けたような感じなのでしょう。また「焼きを入れる」という表現もありますが、これは「活を入れる」あるいは「気合いを入れる」と同様なことなのでしょう。

熱処理は実際に生活や産業の分野で広く活用されています。生活用品の包丁、ナイフ、鋸、かんななどの切削用工具、自転車のチェーンやスプロケットなどのパーツ、自動車の見えない内部の部品、それら数多くの部品に熱処理を施工して、それぞれが最大に機能を得るよう工夫しています。産業界や生活においてもなくてはならない工程の一つであり、加工が形を変化させるのに対して、熱処理は材料の内部だけを変える、超不思議な処理です。

人類がいつから熱処理の効果を知り、鋼や金属に応用してきたか詳細に知り得ませんが、現存する物から判断して、日本の神話に太刀が登場しますが、それを使った大和武尊の時代もしくは、それを伝承・記載された時代にはすでに刃物に応用されていたのです。そのころから、熱処理という不思議な処理を行っていたのです。

熱処理は施工した形跡が表面に現れず目には見えません。これは熱処理が、材料内部の変化を理論的に応用することを目的にしているからです。つまり、外見は変えずに、内部の組織を変化させるのです。そのため熱処理の良否は外観から評価しにくく、正しい操作が重要になってきます。

熱処理の理論は難しいと感じられるでしょうが、本書ではできるだけ平易に説明し、体験上の事例も上げて入門的なガイドブックに構成しています。本書が、読者の方々のお役に立てば幸いです。

２００５年10月

坂本　卓

トコトンやさしい

熱処理の本

目次

目次 CONTENTS

第1章 熱処理に使用する鉄材料

第2章 金属の性質と鉄の状態

第5章 恒温変態を利用した熱処理

第6章 表面処理

第7章 各種の鋼の熱処理

第8章 熱処理の管理と品質

【コラム】

Column

目視での温度計測

物体の温度測定には、何らかの基準があれば、温度計を使用しなくても大まかな温度を確かめることができます。

その例を挙げると、たとえば、270℃で発火するマッチの頭を対象物に接触させて、着火するかどうかで、その温度を推し計ることができます。

ほかには溶融点が異なるクレヨンがあり、描いた軌跡が溶けるかどうかで判断します。同じ原理でペレットがあり、物体上に置いて溶けるかどうかで判断します。決められた温度に到達すると色が変わるシールもあります。もちろんこれらは、適応温度ごとに細かく分けて作られています。

加熱した鋼の温度を目測する技能は、かなり熟練しなければできません。最初は温度計で計測しながら物体の温度を目測して練習します。鋼の赤み、黄色、白色などを頭の中に叩き込みます。赤みの範囲は広いので、赤みでもどのような色が何度かを繰り返して確かめます。そうすることで目測の訓練を行います。

しかし、熟練を重ねても周囲の状況で目測温度は異なります。たとえば朝夕など明るさが違うからです。とくに雨の日や冬期は目測が難しいので、周囲の状態を加味しなければなりません。また、高温で焼入れする場合は、温度計での計測だけでなく、同時に色も見ます。

高温度を目測できても中温度以下はもっと難しい計測になります。目測しやすい磨いた鋼を加熱すると、表面の色が黄色から、茶色、焦げ茶色、青色、黒味がかった色と変わるごとに温度が上がっていきます。数度の違いを目測することは困難ですが、練習すると、およそ30℃程度の範囲内で充分に識別できるようになります。焼戻しの際に中温度から低温度域を目視することは重要なのです。

■目視による鋼の色と温度

0　200　400　600　800　1000　1200　1400

加熱後の表面色	加熱中の表面色
青味がかった黒色	白色（汗のように金属が流れる）
濃い青色	白色
薄い青色	白い黄色
濃い茶色	輝く黄色
薄い茶色	黄色
	黄色く明るい赤色
	黄色い赤色
	赤色
	やや明るい赤色
	暗い赤色

第1章

熱処理に使用する鉄材料

1

熱処理は食べ物を得るために生まれた!?

必要性から生まれた熱処理技術

人類の歴史を紐解くと、衣食住が行動の基本です。またこれを確保するための闘争史でもあります。

熱処理はこのような人間の生活史の中から、人類が必然的に発見し、発展してきた技術といえるでしょう。人類は食物を得るため、最初に石器という道具を作りました。その後多くの年月を経て鉄の発見があり、軟らかくあるいは硬くする技術が生まれたのでしょう。それが熱処理のスタートです。

鉄の熱処理技術が少しずつ発見され利用できるようになると、農耕や日用品、武器に応用されてきました。

日本刀は熱処理を駆使した技術の極致です。よく切れて、曲がらず、刃が欠けず、摩耗しない日本刀は、刀工達が長年蓄積してきた技術の結晶なのです。このように、熱処理技術は極限まで追求されてきました。

さて現代になると、料理には欠かせないものに包丁やナイフがあります。その切味を基本とする刃物も熱処理で優劣が決まります。また、釣針も古代では動物の骨を利用しました。釣針の条件は魚が噛んでも変形せず硬いことが必要です。鉄の登場で、焼入れされた細くて硬い釣針ができるようになりました。

熱処理の理論が解明され、技術が発展するにつれて工業への応用が拡大しました。たとえば木造建築に使う鋸《のこぎり》、鉋《かんな》、鑿《のみ》などの切削用の基本工具であったものが、工業的な機械装置へと発展し、金属を切ったり、削ったりするようになりました。そうして作られた製品は、自転車のチェーンやスプロケット、自動車のエンジン部品やフレームなど、広く工業製品に利用されています。それらの製品は、それぞれが最大に機能を発揮できるよう細緻な熱処理が施工されているのです。熱処理は、生活のあらゆる製品に利用され、現代ではなくてはならない技術の1つになっています。

また、寸法や形を変化させる金属加工に対して、熱処理は材料の内部を変質させるというちょっと不思議な技術なのです。

要点BOX

- ●鉄の登場が熱処理技術を発展させた
- ●日本刀は熱処理を駆使した技術の極致
- ●生活のあらゆる鉄製品に利用される熱処理

食べるために熱処理は生まれた？

石器時代は食べるために必死だった

さまざまな道具として熱処理をした鉄が使われる

さまざまな分野に利用される鉄とともに、熱処理技術は発展してきた

2 鉄を作ることとはどういうことか

製鉄と製鋼の違い

全世界で1年間で製造される鉄は、約10億トンに迫っています。このような多量の鉄はどのようにして製造されているでしょうか。

鉄（Fe）の原料は鉄鉱石です。化学式はFeO、Fe_2O_3、Fe_3O_4などです。これらは鉄銹《さび》の塊、あるいは砂鉄と考えてもいいでしょう。鉄鉱石の状態では鉄は酸素と強く結びついているので酸素を除去しなければなりません。その方法が製鉄です。室温では鉄は酸素と化合しやすいのですが、高温では酸素と離れてC（炭素）と結びつきます。化学式では、$3FeO + 2C = 3Fe + CO + CO_2$のようになります。製鉄用のCとしてはコークスを用い、鉄鉱石を高温に加熱して燃焼させます。COやCO_2はガスとなって飛散するので、高温で溶けた鉄を取り出すことができます。これは銑鉄《せんてつ》（ピッグアイロン）と言って、まだ不純物が多く含有されています。

そこで銑鉄をさらに精製して良質な鉄を製造します。それが製鋼です。製鋼の大量生産では転炉方式が多く採用されています。これは転炉という一種の鍋に溶融した銑鉄を入れ、高温で加熱しながら純酸素を吹き込んで不純物を燃焼させます。容量は1基で150トン以上もあります。ここでは銑鉄に含有していたCの濃度を調整し、同時にSi（シリコン）、Mn（マンガン）、P（リン）、S（硫黄）などを燃焼させて飛散させるか、溶融鉄上に浮遊させて不純物を除去します。

溶融した鉄はインゴットケースという容器に注入して冷却します。溶鋼中にある多量に吹き込んだ酸素を取り除くために、Al（アルミニウム）やSi-Mn（シリコン-マンガン）の合金粉末を投入し、酸素と化合させて脱酸します。こうしてでき上がった鉄をキルド鋼と言い、脱酸しなかった鋼（リムド鋼）と比較すると不純物が少ない良質な鋼塊（インゴット）になります。なお最近は省エネのため、製鋼した後にインゴットにすることなく、溶融した状態で鋳造しながら、塑性加工する連続鋳造圧延方式を採用する企業が多くなっています。

要点BOX

- ●製鉄とは鉄鉱石から酸素を除去すること
- ●製鋼とは不純物を取り除き、良質な鉄を製造すること

製　鉄

鉱石 → 加熱 → 銑鉄

製　鋼

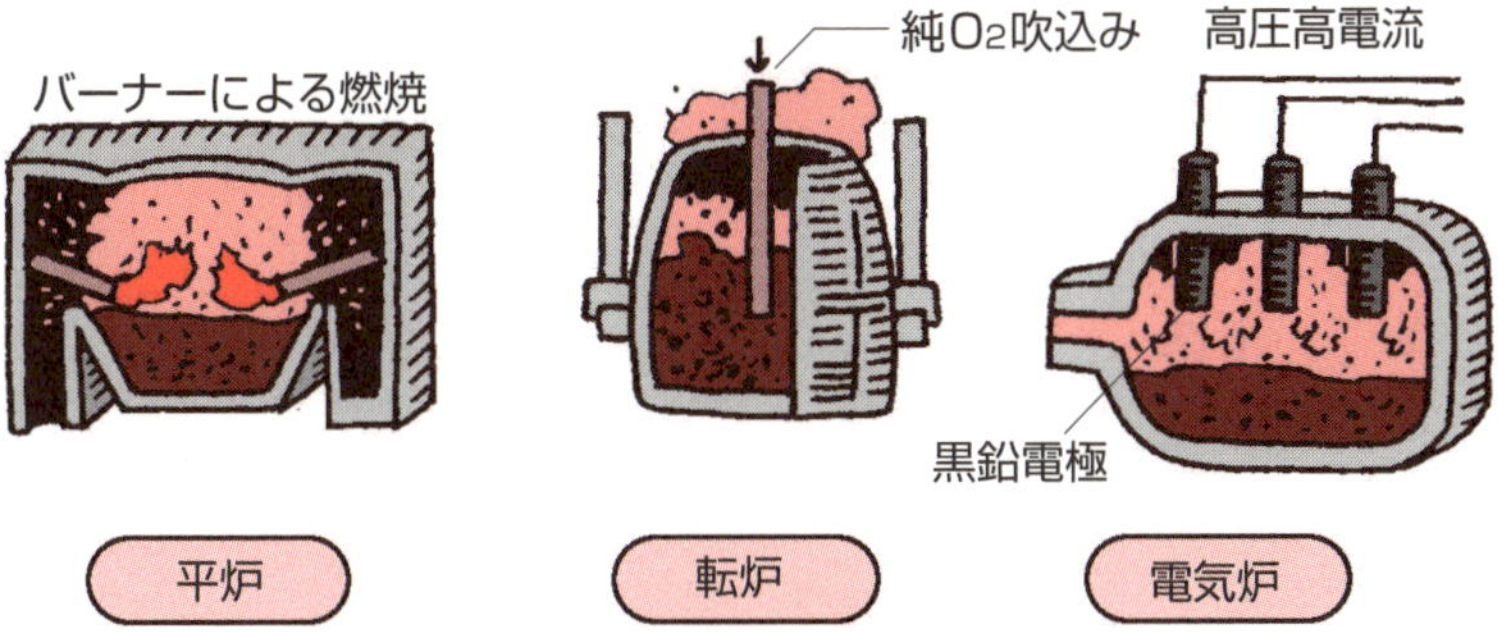

鋼　塊

リムド鋼には製鋼時の酸素が残り、キルド鋼にはない。リムド鋼鋼塊中の泡状の残跡は脱酸されていない残留酸素と一部の不純物が側壁近傍に残る。キルド鋼鋼塊の上部は不純物が浮上して凝固した跡および収縮時の引け巣。

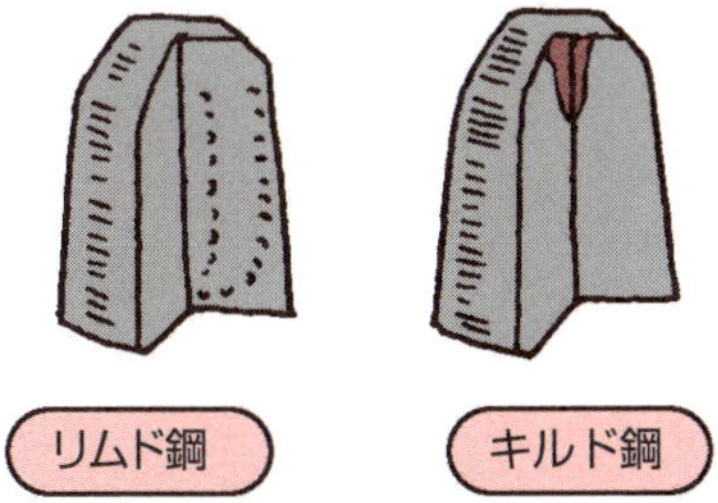

出典：「おもしろ話で理解する金属材料入門」坂本卓、日刊工業新聞社、2000年

用語解説

鉱滓：スラグ（Slag）のこと。酸化物や珪化物など溶鋼上に浮かぶ不純物のこと。

3 鉄と鋼と鋳鉄の違い

鉄は炭素量によって大きく3つに分けられる

学術的に鉄はその組成によりいくつかに分類できます。組成とは鉄と固溶する成分の濃度、つまり鉄との比率です。鉄に固溶する元素にはC、Si、Mn、P、Sがあり、これらを鉄の5元素と呼んでいます。なかでもCは鉄の性質を大きく左右する元素のため、鉄の分類にはC濃度によって分ける方法を採用しています。

鉄はC濃度で大きく3分類でき、純鉄（一般に鉄としている）、鋼、鋳鉄です。「鋼」は「はがね」ですが、「こう」と読みます。

鉄のC濃度はFe-C系状態図に基づいています。本来、純鉄はCが0％のはずですが、0・02％までの範囲の鉄を称しています。鋼はそれを超えて2・06％まで、鋳鉄は6・67％までCが固溶しています。鉄はCが固溶すればするほど硬くなり強度が増します。

純鉄は組織が軟らかいフェライトでできており、塑性加工が容易なため、薄板や箔、細線に加工できます。たとえば薄板は各種の容器やジュースの缶などになり、切手にも応用されたことがあります。

鋼にはCが多く固溶しています。その組織はフェライトとパーライトが混合していて、パーライトは硬いセメンタイトから構成されています。C濃度が多くなればセメンタイトが増加し、さらに硬くなります。

鋼は強度があるので、生活関連商品や産業界に最も多く応用されています。そのため熱処理は純鉄や鋳鉄より鋼を対象にして行うことが多くなります。鋼はほんのわずかなC濃度の違いによって性質が大きく変わります。そこで鋼のC濃度を低炭素、中炭素、高炭素とし、さらに細かく分けて実用化しています。

鋳鉄は極めてC濃度が高いのですが、Cはすべて Fe に固溶せず単独で存在しています。つまり鋳鉄の組織はフェライト、パーライト、黒鉛（単独に存在するC）から構成されているのです。鋳鉄の特性は硬く脆《もろ》いため、鋳造によって製造します。身近な鋳造品にはマンホールや門扉などがあります。

要点BOX

●鉄のC濃度が0～0.02％は純鉄、0.02％を超えて2.06％までは鋼、2.06％を超えて6.67％までは鋳鉄と呼ぶ

鉄の種類とC濃度

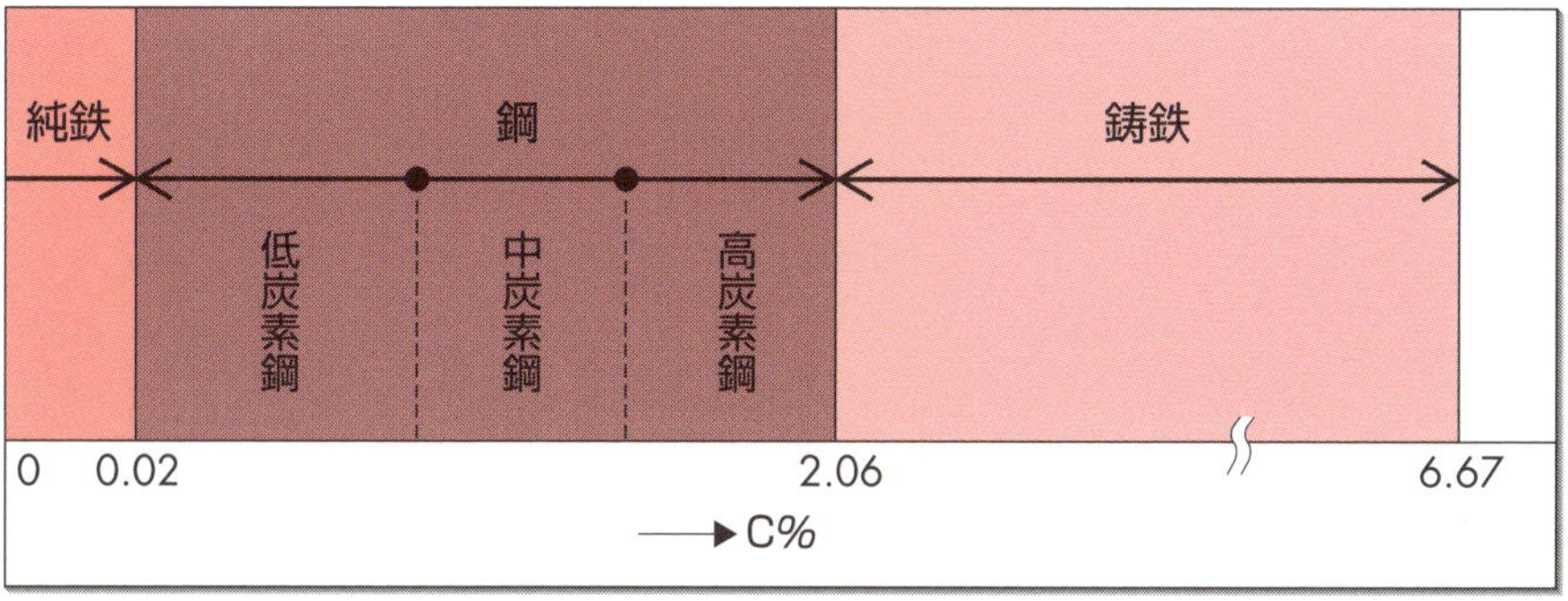

鋳鉄の組織

- Cの濃度が2.06%～6.67%の鉄が鋳鉄
- 鋳鉄の組織はフェライト、パーライト、黒鉛（単独のC）から構成される

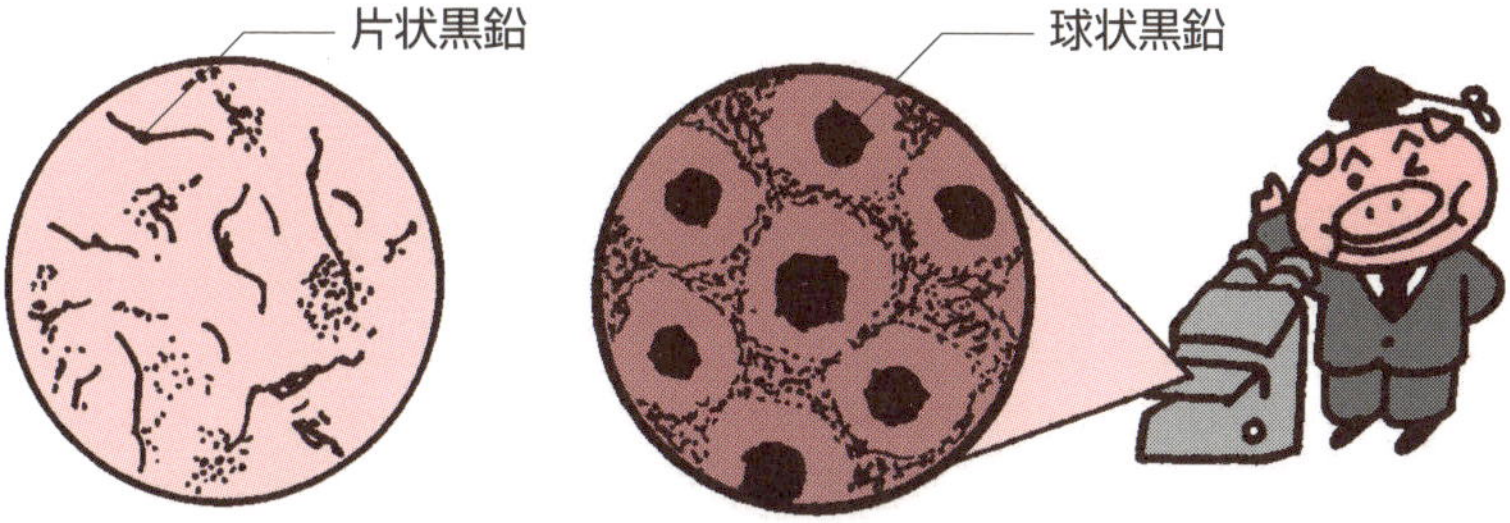

普通鋳鉄（ねずみ鋳鉄）　　球状黒鉛鋳鉄

出典：「おもしろ話で理解する金属材料入門」坂本卓、日刊工業新聞社、2000年

用語解説

セメンタイト：FeとCが化合したFe_3Cのこと。非常に硬くて脆い。

4 鉄の強度と炭素の役割

C濃度を変え、目的に合った鉄を作り出す

鉄の性質はCと密接に結びついています。鉄の種類がC濃度と関連することはすでに述べましたが、鉄の機械的性質も同様に関係が深いのです。

純鉄は軟らかく変形しやすいと説明しました。それは純鉄の強度（ここでは引張強さ）が低い値を示すということです。一方、鋼は強度が高くなります。

鋼は純鉄に比べてC濃度が増加します。鋼のC濃度が低炭素鋼領域では、強度はやや高い値程度ですが、中炭素、高炭素とC濃度が高くなるに従って強度が急激に増加します。

つまりC濃度が増加すると、フェライトとパーライトの混合組織のうち、フェライトの組織比率が少なくなりパーライトが増加します。パーライト内には硬いセメンタイトがあり、その比率と量が増加するので強度が高くなるわけです。しかし、C濃度の増加とともに強度は高くなりますが、1%を超えると増加の傾きが小さくなり、およそ1・2%を超えると2・06%まではわずかな上昇になります。

ここでは引張強さを例にしましたが、機械的性質のうち鋼ののび（伸び）については小さい値になり、引張強さとのびが反比例する関係が生じます。また鋼の硬さは引張強さと近似して同じ傾向を示します。

FeにCが固溶すると引張強さが増加する理由は、組織上はセメンタイトの増加が要因の1つです。さらにFeへのCの固溶は侵入型なので、Feの結晶格子に大きな歪みが発生し、外力に対して抵抗を示すため引張強さが高くなるのです。

鋳鉄の代表的な種類にねずみ鋳鉄があります。外観の色が似ているため、そう呼ばれるようになりました。この組織には単独の黒鉛が部分的に存在します。黒鉛のある鋳鉄の引張強さは弱く脆《もろ》い性質を示します。しかし黒鉛が持つ特性は、鋼には見られない鋳鉄独特の長所があります。たとえば音を吸収する性質、耐振動性があり、耐熱性や耐摩耗性も優れています。

要点BOX

●鋼は純鉄や鋳鉄に比べて引張強さが高い
●引張強さとのびは反比例の関係

鋼中のC濃度と機械的性質

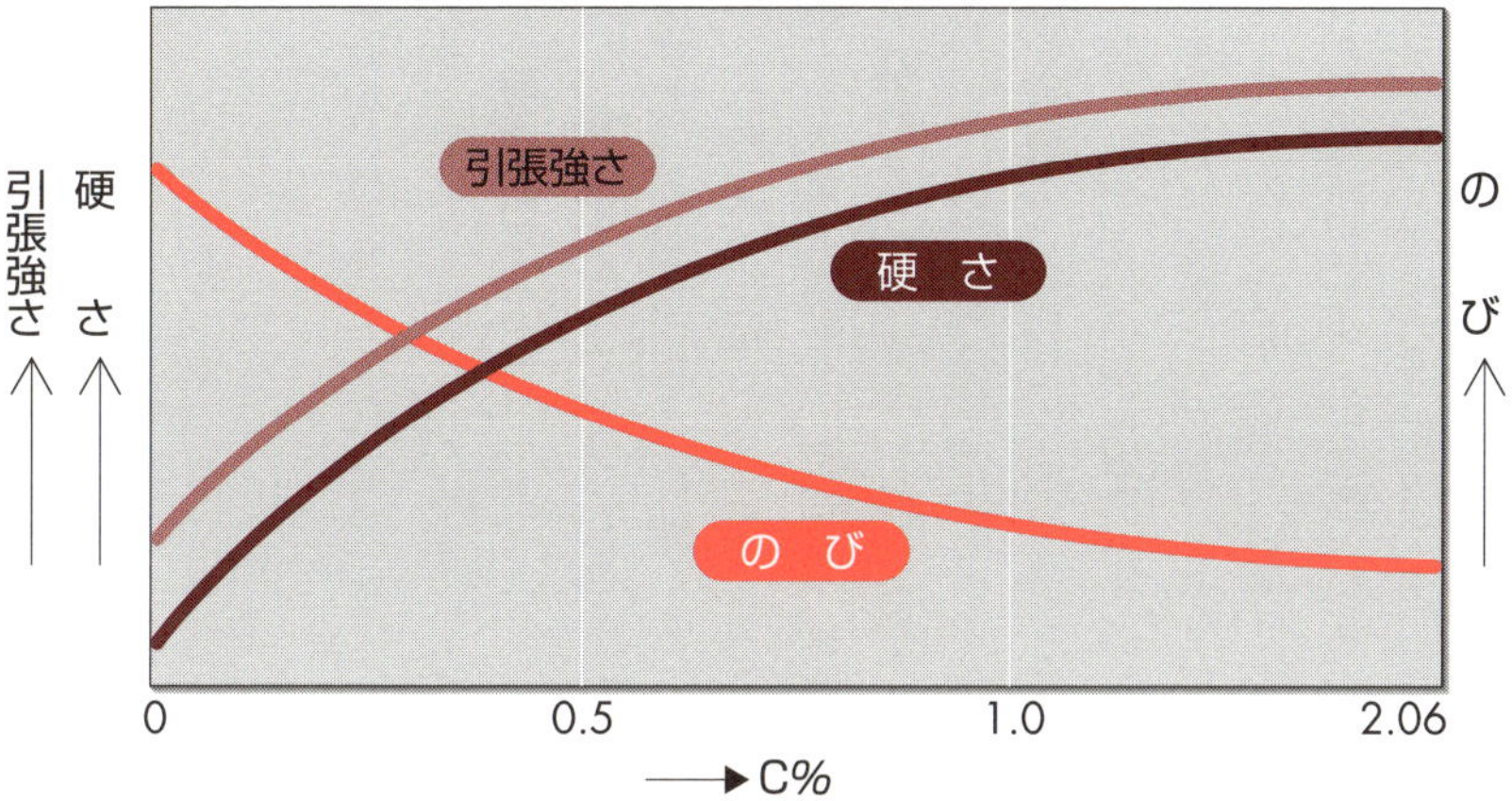

純鉄、鋼、鋳鉄とC濃度の関連

引張強さ	小	小さい ⟷ 大きい	小
の　び	大	大きい ⟷ 小さい	小
用　途	塑性加工品	保安金物（リンク・チェーン）　軸材　高強度母材　高硬度材（刃物・工具）	耐食材　耐熱材　耐振動材　耐摩耗材
	0　0.02		2.06　≈　6.67

→ C%

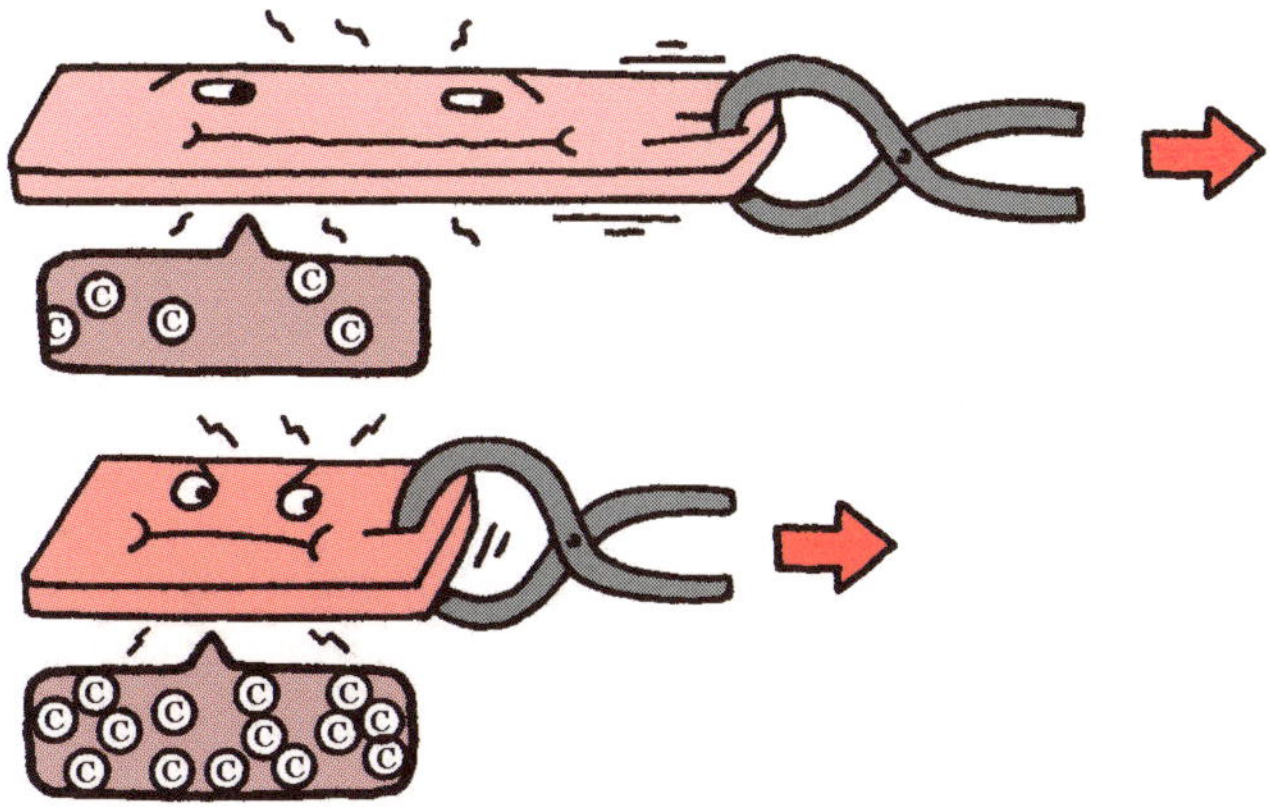

5 鋼の選び方

鋼はC濃度によって特性が大きく異なる

鋼は組織および含有する成分、とくにC濃度により特性が大きく異なるため、目的に合う性質を把握して選択する必要があります。

その前に、鋼を製造する過程で脱酸を行うかどうかで鋼の清浄度に差異が出ます。脱酸しないリムド鋼は、鋼中に多くの酸素が残留したままになっています。酸素は溶鋼でC濃度を調整し、各種の不純物と化合（酸化）させて飛散あるいは鉱滓《こうさい》として溶鋼上に浮上させます。これにより鋼の純度は向上しますが、酸素はC濃度調整や不純物との化合によって多くを除去できるわけではなく、鋼中に過剰な酸素がそのまま残っています。酸素分子は軽量ですが飛散しやすいわけではありません。そのため、リムド鋼の鋼塊は圧延や鍛造して製造した二次材料に多くの酸素が残るため、強度や内部組織が低級でも構わない用途に用いられます。

一方、キルド鋼は溶鋼中で役目を終えた酸素を除去するために脱酸剤を投入して酸素と強力に化合させ、純度を高くしています。一般に鋼の成分規定には、酸素、水素、窒素などの気体の含有量を定めていません。しかし実際は、ガス成分の過多があります。キルド鋼は含有する各種の不純物が少なく高級であるため、後述する熱処理を施工する対象の鋼であり、精密で高強度部材に適しています。

次に鋼の選定は成分上の分類から行われます。この場合、C濃度が鋼選定の鍵になります。次に鉄の5元素ですが、これらはJISにより規定されているため、特殊な鋼以外は考慮する必要はありません。C濃度の次に重要な成分は、合金（合金鋼）を作る元素であり、代表的なのはNi（ニッケル）、Cr（クロム）、Mo（モリブデン）、W（タングステン）などです。

次は用途上から見た分類です。特殊な鋼は用途先の名称をつけて専用の鋼になります。JISに定める種類は多く、製鋼メーカー独自の鋼種もあります。さらに選別すると、強度上から分類できる鋼もあります。

要点BOX

- 脱酸するキルド鋼は精密で高強度の部材に適す
- 鋼の選定はC濃度が鍵となり、次に鉄の5元素が重要となる

成分による分類

	合金鋼		
Fe	C	Ni	Si
	Si	Cr	Ti
	Mn	Mo	Al
	P	W	Pb
	S	Mn	S
炭素鋼			

リムド鋼とキルド鋼

鋼の用途による分類例

鋼の名称	JIS
ボイラ及び圧力容器用炭素鋼及びモリブデン鋼板	G3103
リベット用丸鋼	G3104
チェーン用丸鋼	G3105
溶接構造用圧延鋼材	G3106
ばね鋼鋼材	G4801
高炭素クロム軸受鋼鋼材	G4805

用語解説

鋼の清浄度：鋼中に含有する非金属介在物（MnS、SiO_2など）の多少を示し、顕微鏡観察して点算する。

6 最も利用される実用炭素鋼

一般構造用圧延鋼と機械構造用炭素鋼が代表

実用炭素鋼の代表選手は、一般構造用圧延鋼と機械構造用炭素鋼です。このほかには、主に用途によって分類する構造用炭素鋼（前項）があります。しかし、鋼としての使用量は前者2種類の比ではありません。

一般構造用圧延鋼は、建築、橋梁、船舶、鉄道車両、鉄塔などの構造物に用いられます。JIS記号のSSを用い、SS材と呼んだりします。SS材は一般構造用で炭素量が少ないため、溶接に適しています。SS材の規定は引張強さだけであり、成分はPとSだけで炭素量の規定はなく、低炭素になっています。

SS材の形は鋼板、平鋼、形鋼、棒鋼などがあります。鋼板は幅が広く長さがある板材です。平鋼は鋼板より幅が狭く長い帯状の板と考えればいいでしょう。この2種は、厚みと長さがJISで規定され標準化されています。形鋼は断面形状が異なるものが数種あり、使用先が自由に選定できるように用意されています。その断面は、寸法や肉厚で規定され選択の幅が広くなっています。棒鋼は丸鋼、正角鋼、六角鋼などがあり、いずれも寸法が規定されています。これらはすべてリムド鋼の鋼塊から大型機械装置により、熱間で鍛造や圧延され、強度を加味され規定寸法に仕上げられます。

キルド鋼である機械構造用炭素鋼は、SS材と比較して品質上の信頼度が高く、精密機械品や強度母材用に使用されます。JISでは炭素量が0・10％から0・58％までの範囲で20種類あり、ほかの4元素（Si、Mn、P、S）の含有量も少なくなっています。

炭素量が0・25％以下の低炭素鋼は、熱処理として焼ならし（後述）をして用います。この範囲の炭素鋼は引張強さが小さく、のびが大きいので、強度よりのびを優先する安全上の部品、たとえば鉱山内の保安金物などに用います。

SS材が溶接可能であるのに対して機械構造用炭素鋼はおよそ0・3％以下の低炭素であれば可能ですが、中炭素以上の鋼になると溶接は困難になります。

要点BOX

- 一般構造用圧延鋼は建築、橋梁、船舶、鉄道車両、鉄塔などの構造物に用いられる
- 機械構造用炭素鋼は精密機械品や強度母材用

炭素鋼の種類

C（%）	種類
～ 0.1	極軟鋼
0.1 ～ 0.3	軟　鋼
0.3 ～ 0.4	半硬鋼
0.4 ～ 0.5	硬　鋼
0.5 ～	超硬鋼

一般構造用圧延鋼（JIS G 3101）

記　号	成分（%）		参考の引張強さ（kgf/mm²）
	P	S	
SS 330	0.050>	0.050>	33～44
SS 400	〃	〃	40～52
SS 490	〃	〃	49～62
SS 540	0.040>	0.040>	54<

機械構造用炭素鋼（JIS G 4051）

JIS記号（20種）	成分（%）				
	C	Si	Mn	P	S
S10C	0.08～0.13		0.30～0.60		
⋮	⋮		⋮		
12	0.10～0.15				
30	0.27～0.33				
⋮	⋮	0.15～0.35	0.60～0.90	0.030>	0.035>
40	0.37～0.43		⋮		
⋮	⋮				
50	0.47～0.53				
⋮	⋮				
58	0.55～0.61				

各種鋼材

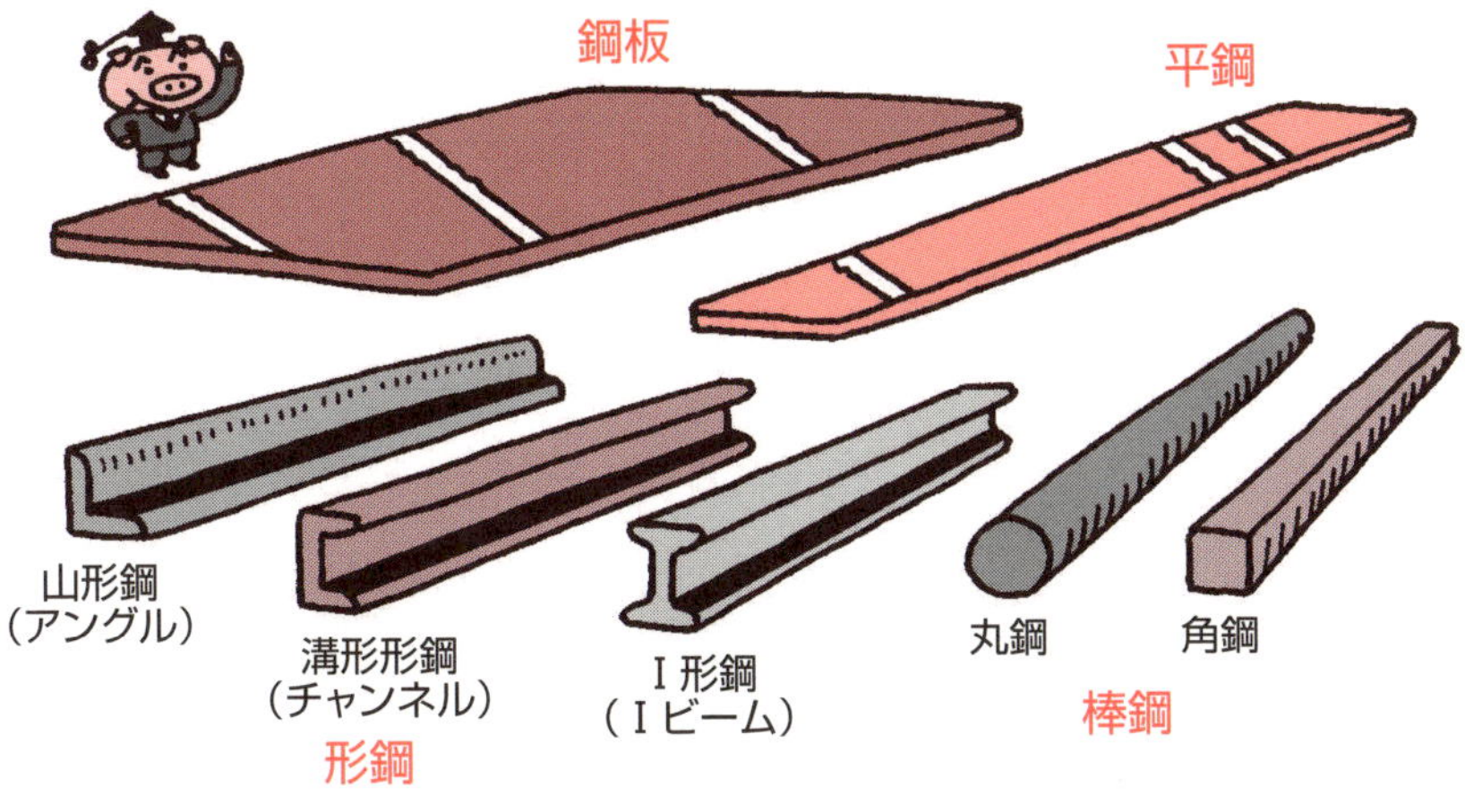

7 火花により鋼を見分ける

鋼をグラインダで削って、火花を観察

鋼はグラインダで削ったときに出る火花の発生のし方や飛散、消失する瞬間を観察して、種別を鑑別することができます。火花を観察する方法が火花試験法であり、目的は鋼種の推定、異材の鑑別を行うことです。鋼種の推定とは、鋼種がわからない材料に対して試験し、鋼種を推定することです。また異材の鑑別とは異材の混入のおそれがある材料に対して行います。

試験機器は電動、空圧などの原動部を備えた固定式あるいは手持ちのグラインダを使用します。グラインダをかける際には、容易に観察できるほど充分に火花を発生させるので、安全性の確保が要求されます。

火花試験を行う作業環境は火花が観察できる照度、風の影響がないこと、塵埃対策として防塵マスクと眼鏡を使用することが必要です。熟練すれば容易に観察しやすい火花を発生させ、一瞬にして鋼種の判別ができるようになります。

火花試験では、瞬間的に発生する火花の観察が重要です。つまり、グラインダをかけて火花を発生させ、その火花が流れて消失する瞬間の短時間内で鑑別しなければなりません。その瞬間に火花の形状、色、明るさ、飛散の様態、消失時間、流れの軌跡、燃焼の経過などを観察するので、それらの特徴を認識して整理しておかなければなりません。

炭素鋼はCの火花が発生し燃焼するだけなので判別は容易です。そのときの火花の特徴が基準になります。C量が多くなると線香花火に類似した特徴を示します。難しい火花は合金元素です。代表的なSi、Ni、Moなどは割と変わった火花を出します。材質がステンレス鋼や高速度鋼など特殊な鋼は、火花も際立った特徴があります。火花の判別には、自ら操作して火花を確認するほか、ビデオに撮影して確認する方法があります。

火花試験による鋼種の推定や異材の鑑別ができるようになれば、材料を取り扱う機械加工や熱処理工程で有効な手段となります。

要点BOX

- 火花試験法の目的は鋼種の推定と異材の鑑別
- 火花試験には安全性の確保が重要
- 熟練すれば一瞬にして鋼種の判別ができる

炭素鋼の火花特性

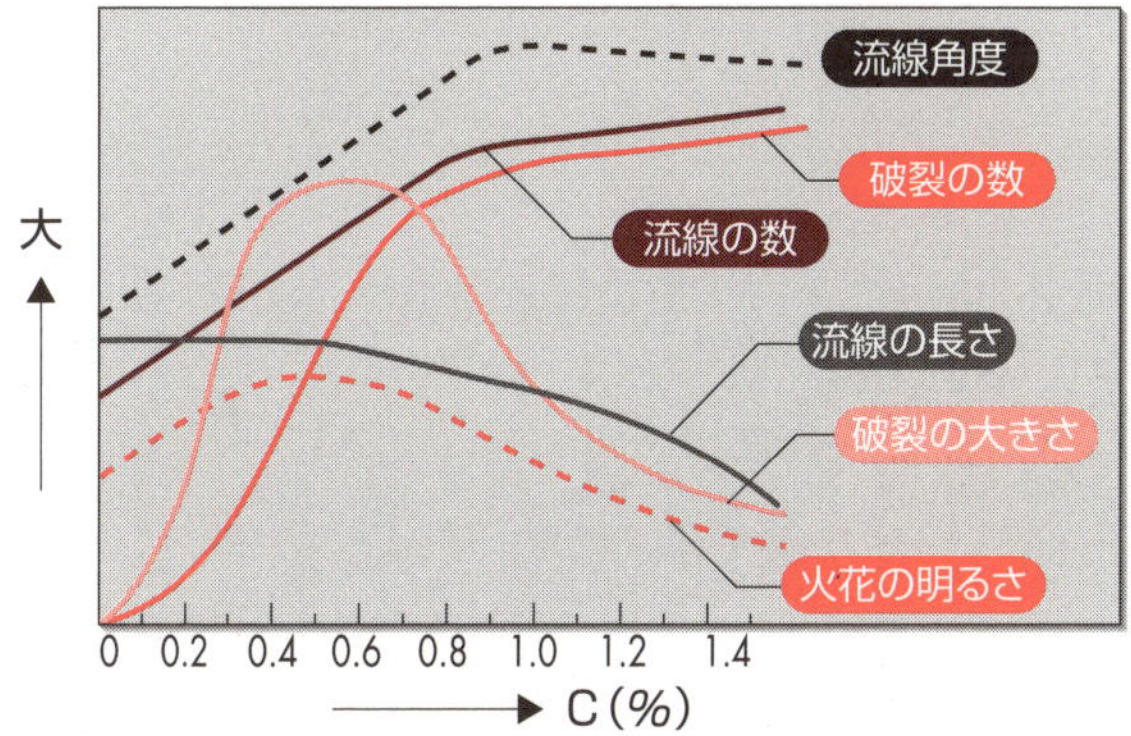

流線角度
破裂の数
流線の数
大
流線の長さ
破裂の大きさ
火花の明るさ
0
0.2
0.4
0.6
0.8
1.0
1.2
1.4
C（%）

炭素鋼（炭素破裂）と合金元素の火花の特徴

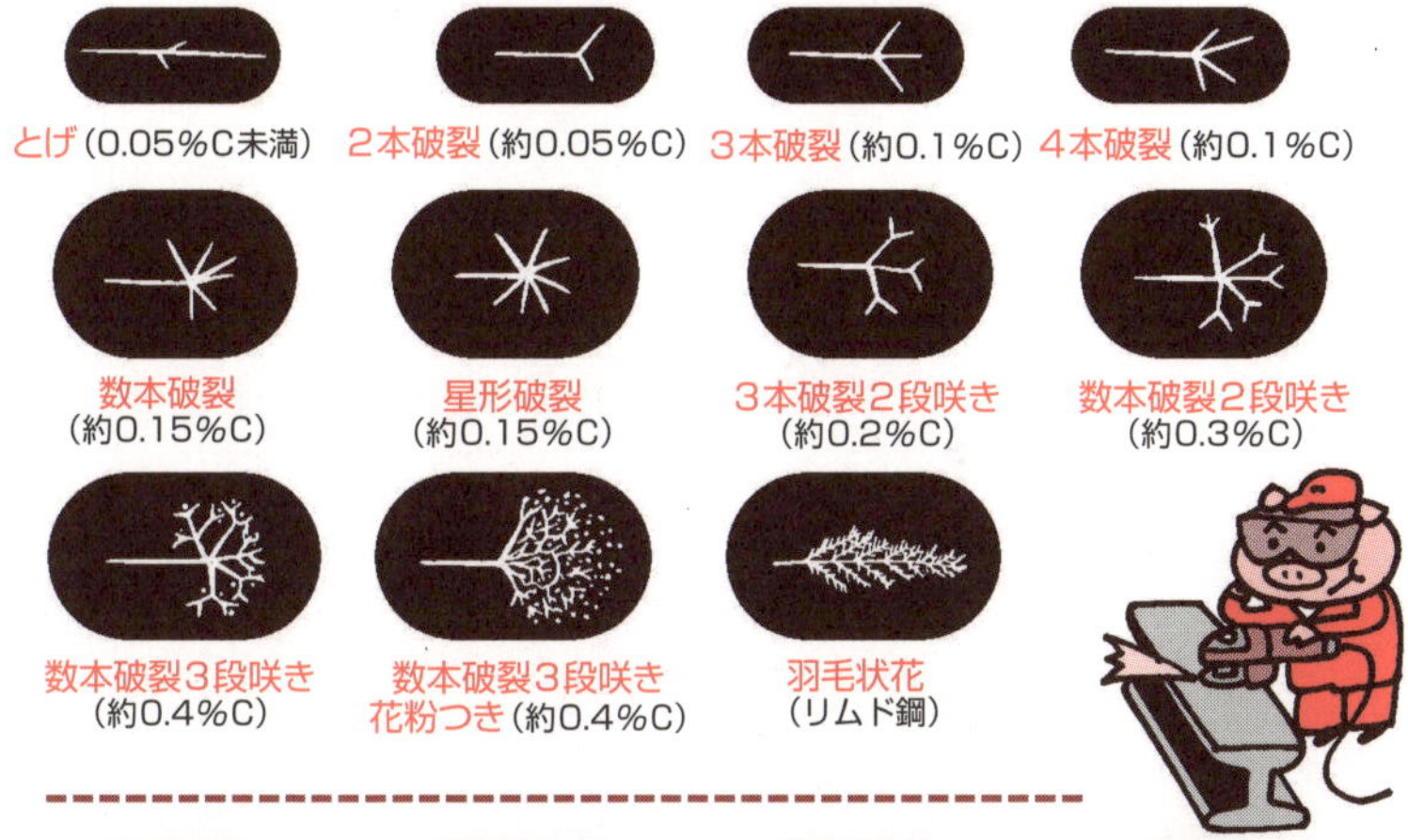

とげ（0.05%C未満）
2本破裂（約0.05%C）
3本破裂（約0.1%C）
4本破裂（約0.1%C）
数本破裂
（約0.15%C）
星形破裂
（約0.15%C）
3本破裂2段咲き
（約0.2%C）
数本破裂2段咲き
（約0.3%C）
数本破裂3段咲き
（約0.4%C）
数本破裂3段咲き
花粉つき（約0.4%C）
羽毛状花
（リムド鋼）

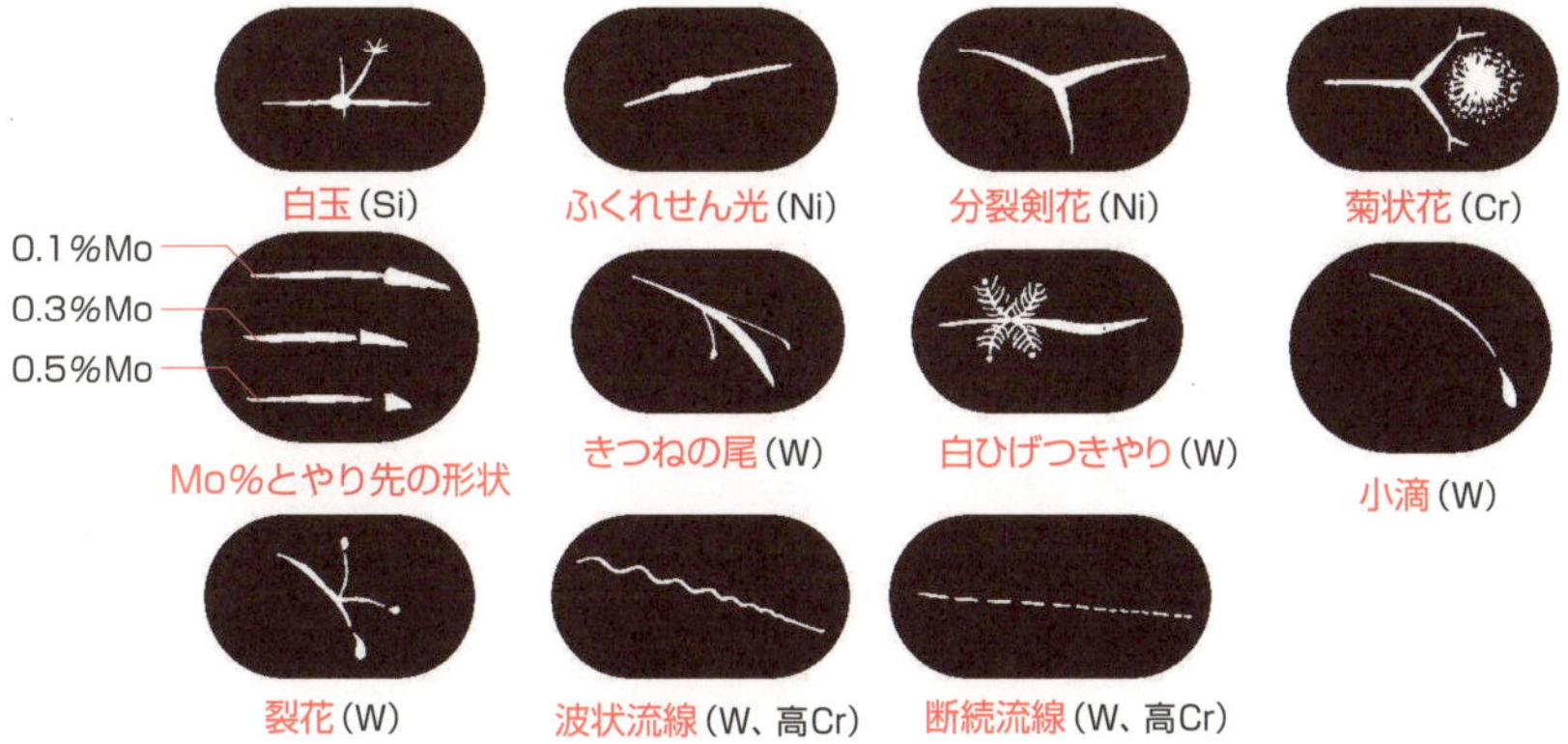

白玉（Si）
ふくれせん光（Ni）
分裂剣花（Ni）
菊状花（Cr）
0.1%Mo
0.3%Mo
0.5%Mo
Mo%とやり先の形状
きつねの尾（W）
白ひげつきやり（W）
小滴（W）
裂花（W）
波状流線（W、高Cr）
断続流線（W、高Cr）

Column

デッドストック鋼材の選別

　工場は製品を客先に収める納期を守るために日程を計画して遂行していますが、工場内の領域では可能でも社外からの素材要因で遅れることがあります。たとえば、材料を注文したあと予定通りに納入されないために手待ちになり予定が狂ことがあります。この弊害を改善するために、工場ではかなりの材料をストックしています。材料の種別は、一般標準品のほかに工場独自で使用することがある特殊品もあります。

　工場では倉庫あるいは保管などの係は購買係が購入した際に、注文品の材料種別、サイズ、長さ、品質上の欠陥の有無などを確認し、異常がなければ決められたヤードあるいは倉庫内に保管します。保管中は傷、錆の有無調査、棚卸を行い、在庫量と帳簿を合わせて確認します。

　この係の日常業務は、設計指示に基づいて材料の種類寸法を確認し、必要なときには長さを揃えるために、切断も行い加工工程に払い出します。

　こうした業務が毎月、半期と永続して行われますが、帳簿と在庫の食い違いが生じてくることがあります。このような事例の原因は多様であり、たとえば材料の錆の発生による不良品の発生、異種材の払い出しによる返品、保管の不始末による種別の混合など多くの手違いがあることです。結果として永年の間に種別さえわからなくなった材料がデッドとして倉庫にストックされます。

　筆者が熱処理工場を監督していた頃、要請を受けてこれらの材料を火花試験により仕分けしたことがありあます。まず、部下に火花による判別方法を数カ月間教育し、試験をパスし完璧に熟練した作業者を引き連れて、百数十トンという大量に山積みされた材料の一品一品を1カ月かけて完全に仕分けしました。

　仕分けした材料は、その後すべて有効に利用され、在庫の山はなくなりました。これは、スクラップ価格が市場価格に生まれ変わったわけで、純益数千万を生み出したことにもなります。

第2章
金属の性質と鉄の状態

8 1000℃を超える温度の計測

金属に生じる起電力の原理を応用して温度を計測

熱処理は温度が最も重要な要素です。ではその温度を測るにはどうするのでしょうか。通常生活の中では、水銀とアルコールを使った棒温度計があり、主に100℃以下の温度や体温を測ります。熱処理の温度ははるかに高く、1000℃を超える温度になるので、それに適した温度計が必要です。

一般に熱処理で使用する温度計は、2つの異種の金属線を環状（熱電対）にして、その接合点のうち一方を加熱して両接合点に温度差を与えると、その間に起電力が生じて電流が流れる原理を応用した熱電温度計が多用されています。この2種の金属線は、計測する対象温度に適合した合金で製造されています。低温域ではコンスタンタンが主に使用され、低温から高温域の広い範囲ではアルメルとクロメルの組合せ、さらに高温域の範囲には白金を使用しています。

JISに定められた熱電温度計に使用される材質は、起電力が大きいこと、温度に対して起電力が比例すること、材質の劣化が少ないこと、低価格であることなどが条件になります。また熱電対の精度は重要で、温度と起電力がマッチしなければなりません。たとえば0℃や100℃のときでも、その温度に合った正確な起電力が生じなければなりません。そのため融点がわかっている純Sn（錫）や純Au（金）などを使って、熱電対に適正な起電力が生じているかを検査する方法があります。

鋼の熱処理の温度計測には、これらの熱電対を汎用的に使用します。鋼の溶融などでは、1500℃を超える温度の計測は必要ないからです。超高温用には、光高温計や放射温度計などを使用します。

鋼の温度は熟練すれば目視でもある程度の温度を測定できるようになります。しかし温度計測には精度が重要です。熱処理は精密品になると数℃の範囲に収めなければなりません。そのため温度の計測では、高い精度が求められます。

要点BOX

- ●熱処理には熱電温度計が多用されている
- ●精密品の熱処理には数℃の範囲に収める精度が求められる

熱処理の温度計測

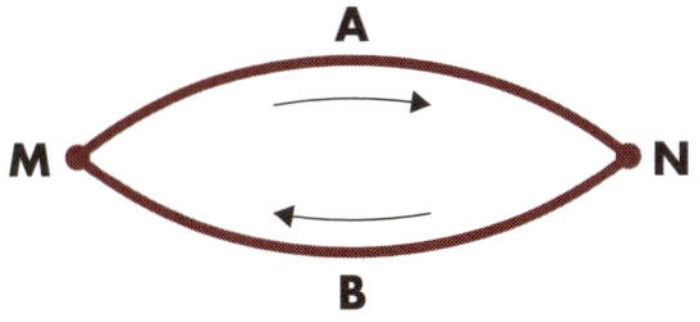

熱電効果

金属線A、Bの両端をMとNで接合し、MまたはNの一方を加熱して温度差をつけると矢印のように電流が流れる。この現象を熱電効果といい、AとBのような金属線の組合せを熱電対という。これを用いて温度を計測する。

熱電対による温度計測の原理

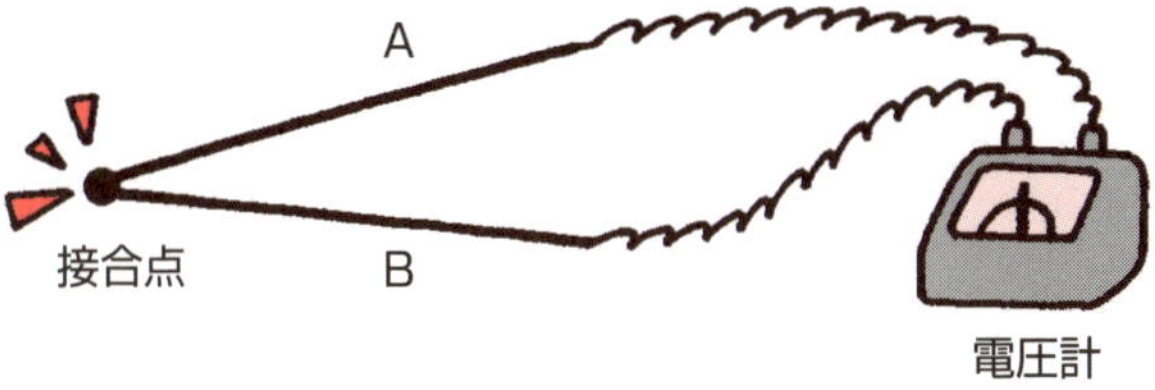

2種の金属線AとBを接合し電圧計に連結すると、環状になりA、Bに電流が流れ電圧計で起電力を計測することができる

熱電対の種類（JIS）

種類と組合せ	J コンスタンタン–鉄	T コンスタンタン–銅	K アルメル–クロメル	S 白金–白金ロジウム
熱電対の材質	コンスタンタン 40～45% Ni 50～60% Cu 0～0.2% C	左に同じ	アルメル 94% Ni 2% Al 1% Si 2.5% Mn 0.5% Fe クロメル 80%Ni 20%Cr	白金ロジウム 90%Pt 10%Rh
測定範囲（℃）	−200～1200	−200～400	−200～1200	0～1600

用語解説

光高温計：放射される可視光線のうち一定の波長をもつ赤色単色光を利用して、対象物から発射される輝度と電流がフィラメントに流れる輝度を比較して温度を決める。

9 金属の溶融と凝固

金属の固相と液相は凝固点を境にして分かれる

金属は融点（溶融点）を境にして、固体と溶融状態に分かれます。固体になることを凝固、溶融状態になることを融解（溶融）と呼びます。

金属学では固体、液体、気体それぞれを固相、液相、気相と言います。相は物質の状態のことです。金属の融点はそれぞれすべて固有の温度を示します。たとえば純Al（アルミニウム）は６５９℃、純Fe（鉄）は１５３９℃、純Au（金）は１０６３℃です。

金属の凝固は、溶融状態から冷却するとある温度で固体になり始めます。これが凝固点です。つまり融点と凝固点は同じ温度になります。金属はすべての溶融状態から一気に固体に変化するわけではなく、凝固点を維持した状態で時間をかけて固体になります。この状態は液相の中に固相が生まれ始め、液体と固体が共存し、次第に固体の容積比率が増加していきます。

また、金属の固相、液相、気相を温度と関連して試験することを熱分析と言い、一般に鋼などの熱処理は固体状態で操作します。

金属は固体状態でも体積が変化します。受ける熱とそのときの温度で金属が伸縮するからです。これを金属の熱膨張といい、金属の種類に応じて膨張する比率（線膨張係数）が異なっています。

金属の熱膨張を利用した機械部品の組立に焼嵌《ば》めがあります。２つの部品同士を固く組み立てるとき、相互に加熱あるいは冷却して嵌め合わせると、そのときは部品は伸縮しているので、容易に組み立てることができ、それぞれが元の温度に回復したときは基準の寸法に戻るので、強固な締結ができるのです。

熱膨張を利用した要素部品にはバイメタルがあり、２つの異種の金属同士で張り合せています。２つの金属は温度に応じた伸縮量が異なり、大きい伸びの金属側が凸型に変形します。これを電気のスイッチに利用すると電流の接点として応用することができ、産業界で多用されています。

要点BOX

- ●一般に鋼などの熱処理は固体状態で操作する
- ●金属によって異なる熱膨張
- ●熱膨張を利用した焼嵌め

主な金属の融点

金　属	融　点(℃)	金　属	融　点(℃)
Al（アルミニウム）	659	Mo（モリブデン）	2610
Ti（チタン）	1680	W（タングステン）	3380
Fe（鉄）	1539	Pt（白金）	1769
Ni（ニッケル）	1453	Au（金）	1063
Cu（銅）	1083	Pb（鉛）	327

代表的な材料の線膨張係数

材　　料	線膨張係数（10^{-6}/℃）
炭素鋼	1.16～1.2
18-8ステンレス鋼	1.7
ガラス	0.05～1
ポリエチレン	18
軟質加硫ゴム	22

出典：「機械設計便覧」機械設計便覧編集委員会編、丸善、1992年

バイメタル用高膨張側合金と線膨張係数

材　　質	成　　分(%)	線膨張係数（10^{-6}/℃）
4/6黄銅	Cr60、Zn40	14
Ni–Mn–Cr–Fe合金	Fe77.5、Ni15、Mn7、Cr0.5	15.5
Ni–Cr–Fe合金	Fe75、Ni22、Cr3	13.5
Cu–Ni–Mn合金	Mn72、Cu18、Ni10	20
Mn–Zn–Ni–Cu合金	Cu33、Mn30、Zn22、Ni15	16.5

バイメタルはサーモスタットとも言い、低膨張側材料はFe-Ni合金のアンバーを使用し、低温用はNi36%、高温用はNi40～42%である。

バイメタルの特性は高膨張側合金によって左右され、その材質は上表のとおりである。

バイメタルは高膨張側合金が伸びることにより、スイッチなどに利用されている。

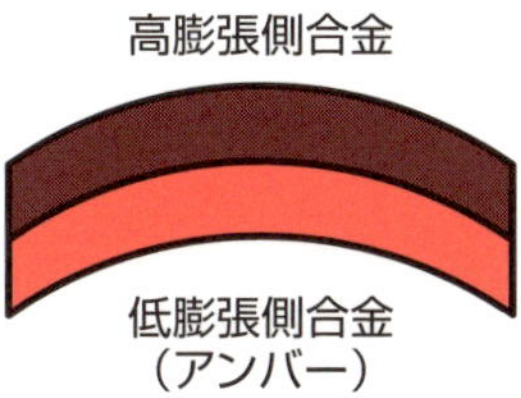

出典：「機械設計便覧」機械設計便覧編集委員会編、丸善、1992年

10 相とは何か

相は金属の姿や形を表す

相について詳しくお話ししましょう。真相、人相、家相など、この文字を使った漢字の語句があります。相とは外に表れた姿や形をさします。ここでは金属の状態、つまり気体、液体、固体を表す状態です。

金属は次の3つの状態、気相、液相、固相で区別することができますが、3つのうちどれに分かれるかは気圧、温度、成分の濃度によって決まります。これを相律という規則で決めます。また長い時間がたっても変わらないことが必要で、その状態を平衡状態と言います。

たとえば純Fe（鉄）の場合、1539℃以下は固相で、その温度を超えると液相です。Feに他の物質が混合されて濃度が変わると、固相―液相間の境の温度（融点）が変化します。一般に純金属の融点は混合したときより高くなります。また、混合されたFeはある濃度のとき固相と液相がともに生じることがあります。これが共存状態です。水に氷を入れて0℃に保持しても変化しない場合と同じ状態です。

気圧は1気圧を基礎にして、成分の数、濃度、温度によって決まる相律によって相の状態が変化します。

金属の平衡状態を表した図を平衡状態図（一般には状態図）と呼びます。たとえばFeとC（炭素）の図の場合、横軸に成分の濃度を、縦軸に温度を目盛にして、二次元で書き表します。これをFe-C二元（系）（平衡状態図と言います。もし3つの成分とその濃度や温度における状態を表すときは三元状態図になります。つまり、多次元の図が存在するわけです。

左図にはミルクとカカオの図を示しました。2つの物質間の状態により生成物が違うことがわかります。濃度を変えて溶ける温度を調整しています。

金属の熱処理は相の状態を把握して行うことが賢明です。それは成分と濃度が温度によって状態を変えるからです。状態が変わってしまうと、適正な熱処理ができなくなります。

要点BOX

- ●金属は気相、液相、固相の状態で区別できる
- ●金属の3つの状態は気圧、温度、成分の濃度によって決まる

金属の三相状態

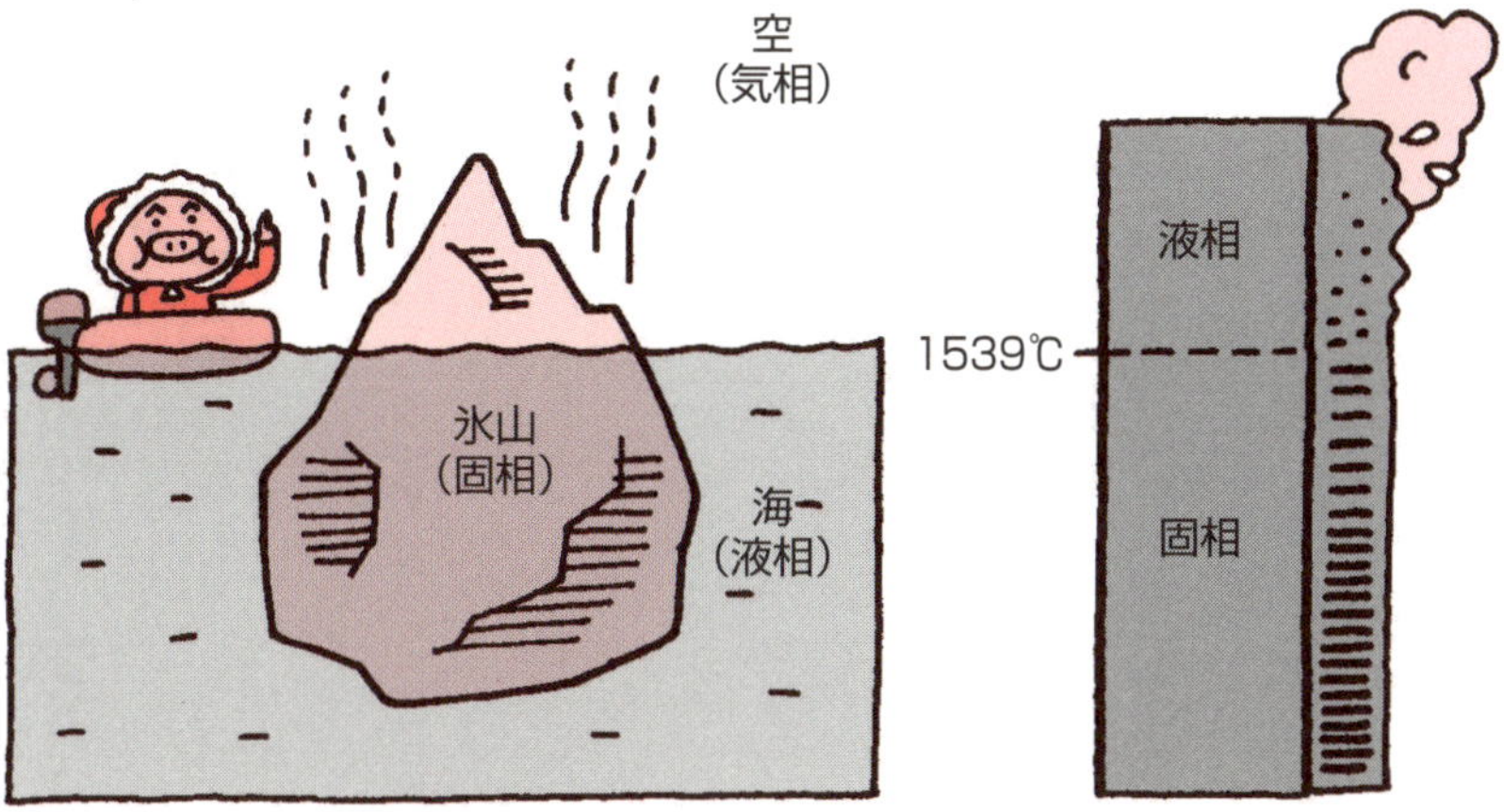

三相状態　　Feの相

ミルクとカカオの状態

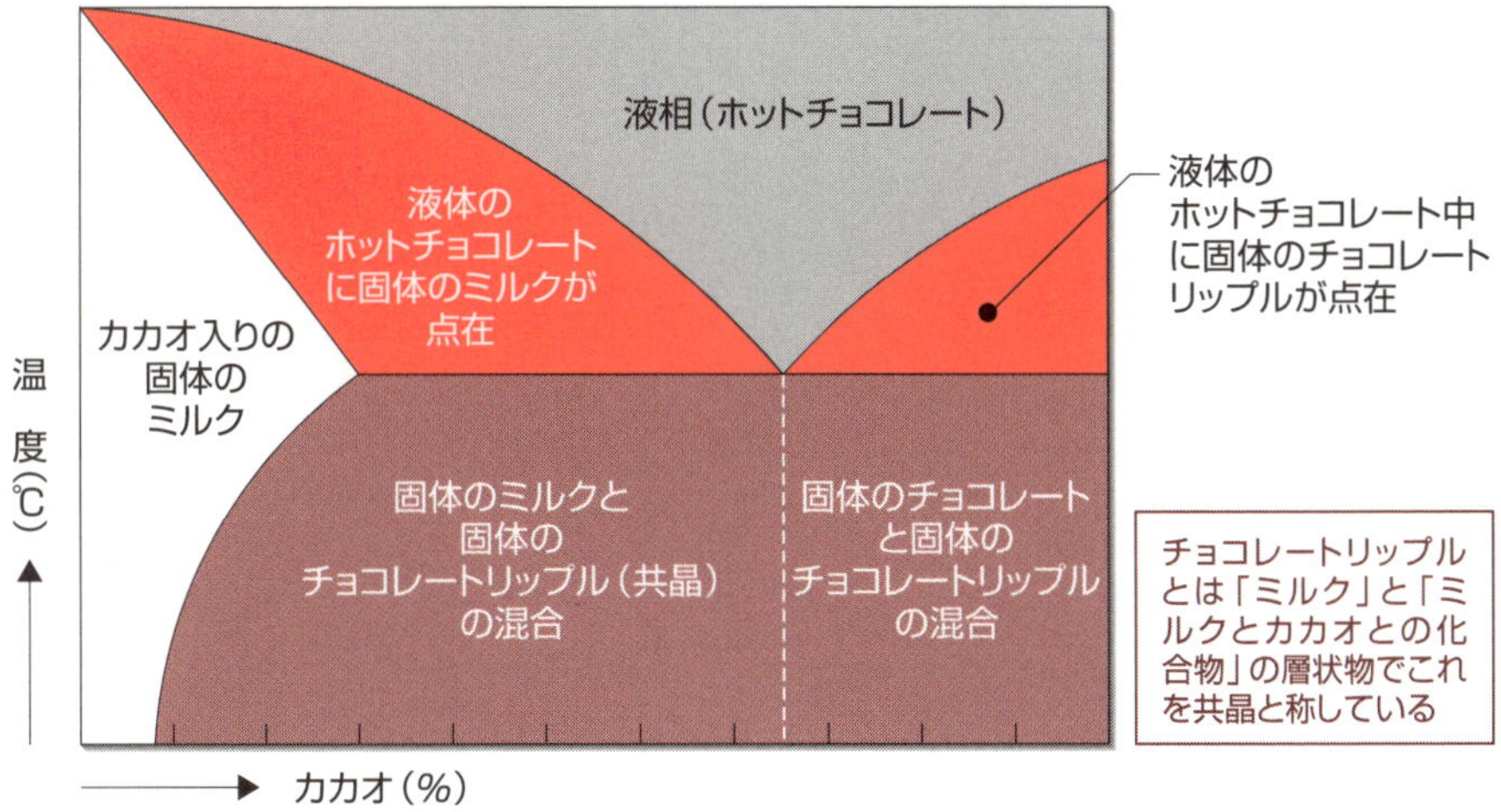

出典：「おもしろ話で理解する金属材料入門」坂本卓、日刊工業新聞社、2000年

用語解説

共晶：AとBが入り混じった結晶のこと。

11 金属の結晶構造と変態

金属はそれぞれ固有の結晶格子を持つ

金属は固体では結晶または結晶体を示しています。結晶体とは、物質を構成する原子や分子が規則正しく並んで整列している形をいいます。これに反して規則的でない物質があり、ガラスなどがそうです。これらは非晶質と言います。

結晶体の規則的な配列状態を結晶構造といい、原子の大きさは数オングストローム（Å、1／1億㎝）と小さく、顕微鏡では観察できません。しかし、構造を形作る格子にX線を照射して生じる回折現象を利用すると、格子の大きさや構造などを観測することができます。この手法がX線結晶分析です。

金属の結晶構造をX線結晶分析によって観察すると、原子が三次元方向に極めて規則正しく並んでいることがわかります。原子が規則正しく並んでいる配列を結晶格子（または空間格子）と言います。結晶格子の特性を示す最小の原子の集まりを単位胞と言い、格子の長さを格子定数と言います。

金属はそれぞれ固有の結晶格子を持っています。結晶格子にはさまざまな形があり、なかでも代表的な構造は、面心立方格子、体心立方格子、稠密六方格子です。左表にそれらの分類を示します。

Feは1539℃以下では固相ですが、室温で体心立方格子を示し、昇温して910℃で瞬間的に面心立方格子に転換します。さらに昇温すると、1400℃で再び体心立方格子に早変わりします。このように特定の金属が異なる結晶格子に変化することを変態と言い、変態を生じる温度を変態点と言います。変態を示す金属はほかにSn（錫）などがあります。

変態が瞬時に生じる現象はある条件下で目視することはできますが、Feの線膨張を測定する過程で長さを計測して推察できます。それは金属が変態時に特定の結晶構造を示す格子定数をとるためです。

Feは温度によって2つの格子を示すので、とくに鋼の熱処理の際に重要です。

要点BOX

- ●代表的な結晶構造は面心立方格子、体心立方格子、稠密六方格子の3つ
- ●変態とは異なる結晶格子に変化すること

Feの結晶格子

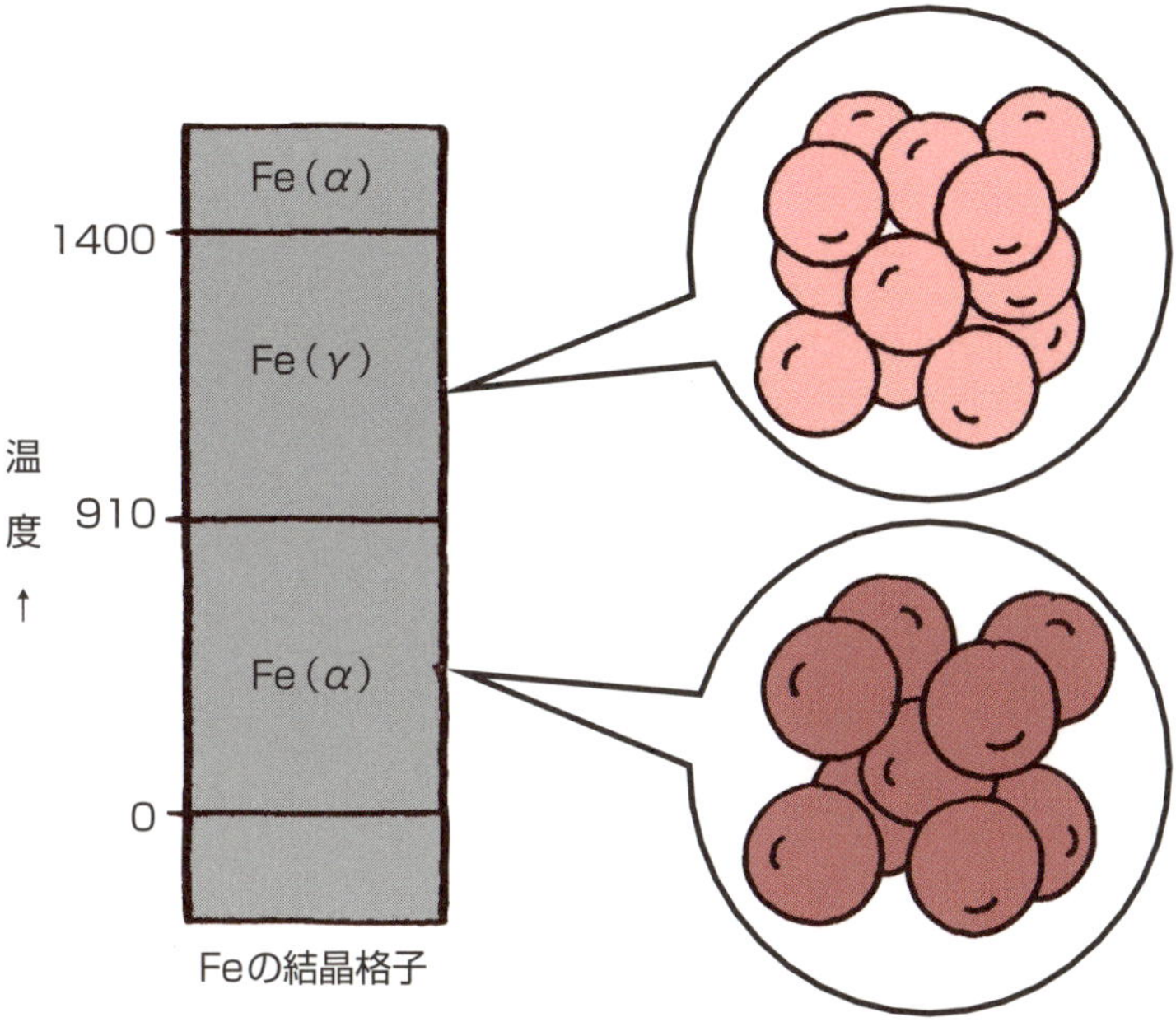

Feの結晶格子

出典：「おもしろ話で理解する金属材料入門」坂本卓、日刊工業新聞社、2000年

代表的な金属の結晶格子

面心立方格子	体心立方格子	稠密六方格子
Al	Cr（クロム）	Mg（マグネシウム）
Fe（γ）	Fe（α）	Ti（α）
Ni	Mo	Zn（亜鉛）
Cu	W	Cd（カドニウム）
Pt		
Au		

用語解説

結晶：物体を構成する原子や分子が規則正しく配列する固体を示し、一方無秩序に配列するガラスなどは非晶質という。

12 応力はなぜ発生するのか

応力には熱応力と変態応力がある

物質の状態に何らかの変化が生じたときに、物質の表面や内部に応力が発生します。

1つは熱による応力の発生です。物質のある部分に集中して熱を与えたとき、その部分が体積膨張（線膨張が三次元で膨張すること）します。それに対して熱が局部的に投与されている近傍は同様に膨張しますが、比較的にその量は少ないはずです。

このとき、集中的な熱投与個所と近傍との間には体積膨張に差異が生じます。熱の影響に応じて体積膨張できず寸法的な変化がないときは、物質の表面や内部に応力が起こります。これが熱応力です。

熱応力の発生は、目には見えませんが自然現象でも起きています。たとえば、日光が当たる部分と日陰部分では、その間に応力が発生しています。

熱応力の多少は物質の種類にもよりますが、熱量と速度にも影響します。断熱性が高い材料は温度上昇が緩慢ですし、日光などのように熱量が多くない場合や長時間かけて熱せられる場合は熱応力の大きさが低くなります。逆に、局部的に集中して高熱を急速に与えると熱応力が大きくなります。

熱応力の発生を利用する手段に、たとえば材料の曲がり直しがあります。凸に曲がっている部分を急速加熱して急冷すると、加熱で一度膨張した個所が急激に縮んで、全体として曲がりが直るという手法です。

もう1つの応力の発生には、変態応力があります。変態応力は物質（金属）が何らかの条件で結晶構造を変えたときに生じる応力です。Feが体心立方格子と面心立方格子間で変態するときに応力は発生します。しかし、この場合は高温下で行われるために、変態応力が発生したとしても、熱によって開放されます。

熱処理で最も重要な変態応力は焼入れで発生する現象です。後述しますが、焼入れは結晶構造が急激に変化し、しかも常温下なので応力の開放はなく、極めて大きい応力が残存することになります。

要点BOX

- ●熱応力は熱による体積膨張の差で発生
- ●変態応力は結晶構造の変化の際に生じる応力
- ●変態応力は焼入れで多く残留する

熱応力

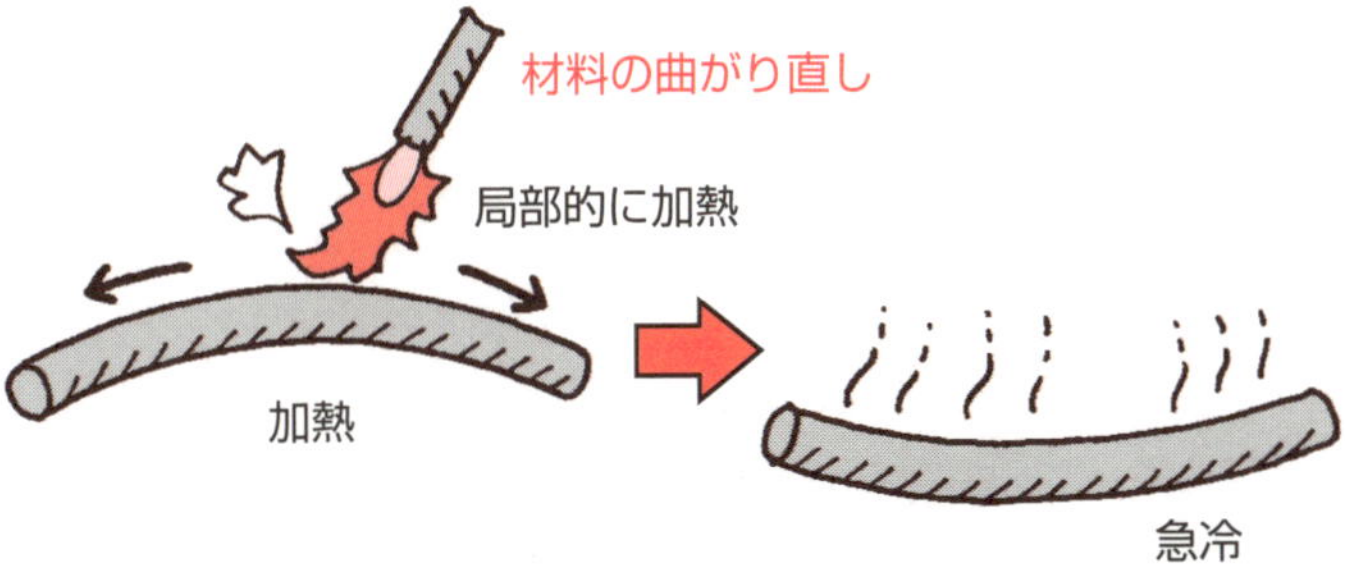

Feの変態

格子の長さが変化し、応力を発生させることになる

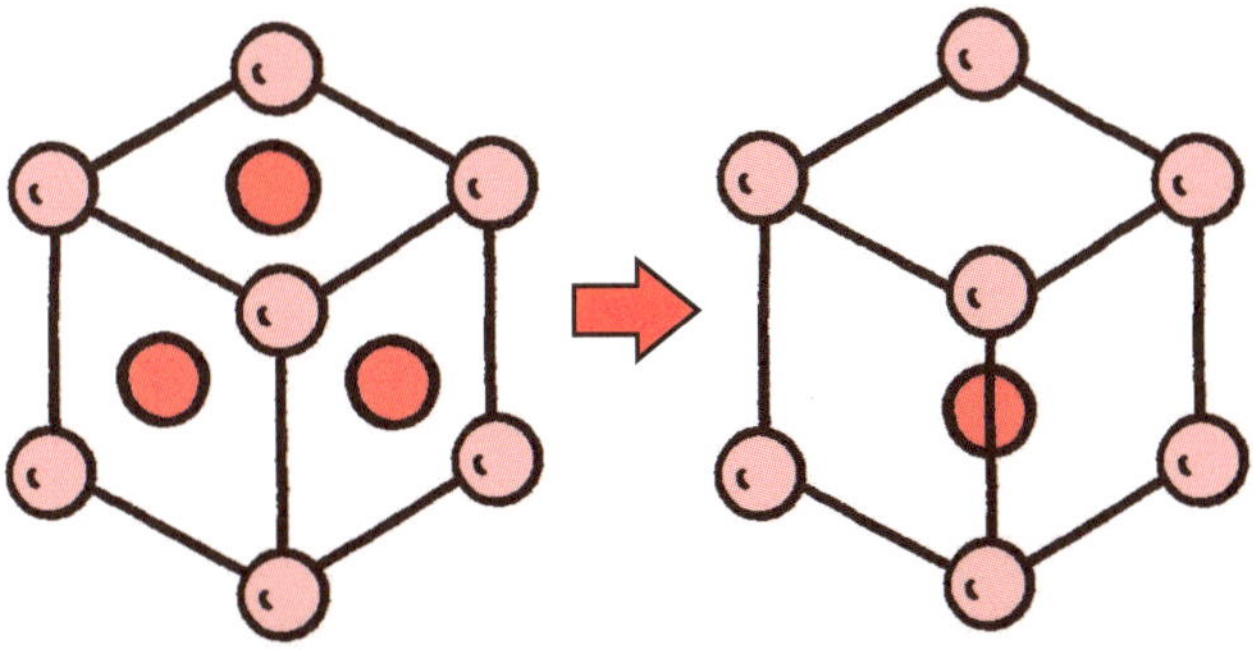

13 合金には固溶と化合がある

合金は2種以上の純金属が混ざり合ったもの

1種類の元素でできている純金属が、2種以上混ざると合金になります。2種の金属が混合する場合、濃度によって液相、固相の温度が変化します。つまり純金属は融点を除けば固相か液相のどちらかを示しますが、合金は2種以上の相を示すことが多くなります。

合金には固溶体と金属間化合物があります。後者の2つは液相では1種類ですが、固相では2種以上を示す場合があります。

固溶体は2種類以上の金属が溶け合って凝固した新しい金属です。このようにある金属に別の金属が溶け込むことを固溶と称します。固溶体の組織を観察しても2つの金属を区別することはできません。それは金属（溶媒）の結晶格子に別の金属原子（溶質）が入り込んでいるからです。溶質原子が非金属元素の場合でも固溶体と呼んでいます。合金はこのような形で固溶体を形成する事例が多くなります。

固溶体は溶け合った金属の性質とは違った新しい特徴を示し、互いの溶け合い方（濃度）は無制限ではありませんが、温度によっても差異が生じます。

固溶の形は、互いの結晶格子の形や格子の大きさ（格子定数の違い）によって分類できます。

置換型固溶体は溶媒原子の結晶格子の一部が溶質原子によって入れ替わった形です。これは原子同士の大きさの差異が小さい場合に多く見られる形です。

侵入型固溶体は溶媒原子の結晶格子はそのままですが、溶媒原子の間に無理に溶質原子が侵入して、規則的な格子を形成した形です。溶質原子の大きさが小さいときに見られます。溶質原子が侵入したあと溶媒原子の結晶格子に歪みが生じます。

金属間化合物は金属同士の組成が簡単な整数比率で化合して、決まった結晶格子を表します。一般にこの化合物は、それぞれの金属の性質とはまったく異なった特徴を示します。たとえば硬質、展性・延性が小さくて脆い、電気抵抗が大きいなどがあります。

要点BOX

- 合金には固溶体と金属間化合物がある
- 固溶体は置換型固溶体と侵入型固溶体がある
- 金属間化合物は整数比率で化合

合金の分類

固溶体の組織

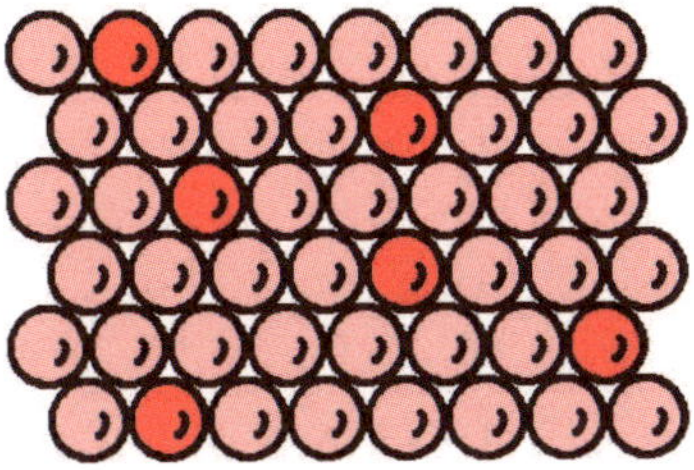

置換型固溶体

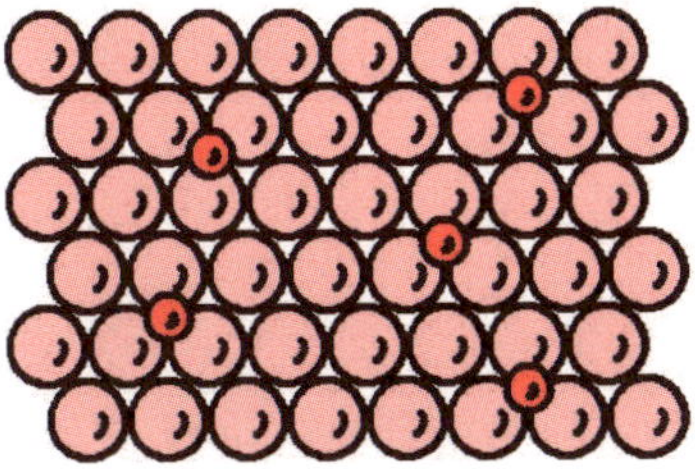

侵入型固溶体

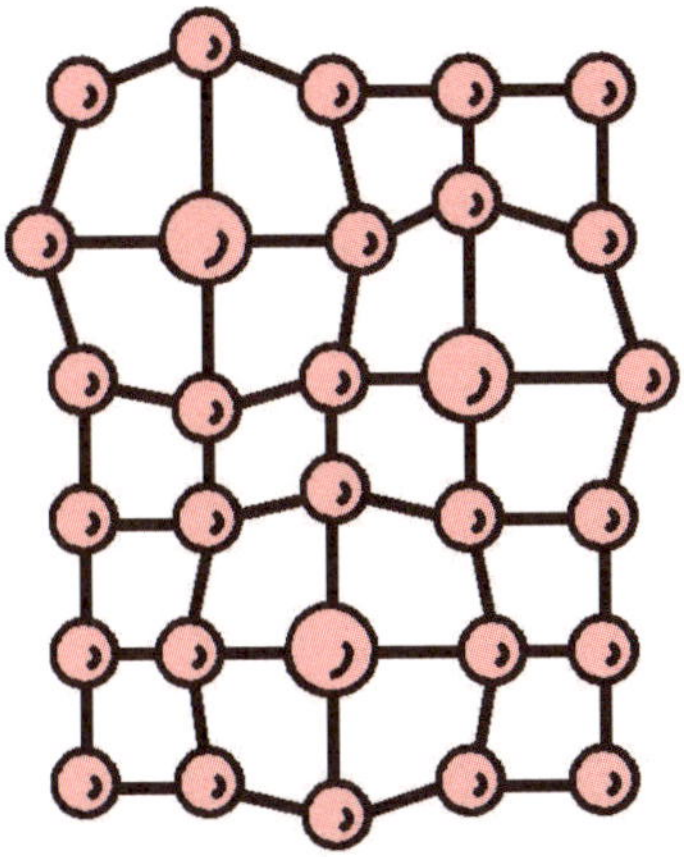

置換型の結晶格子の歪み

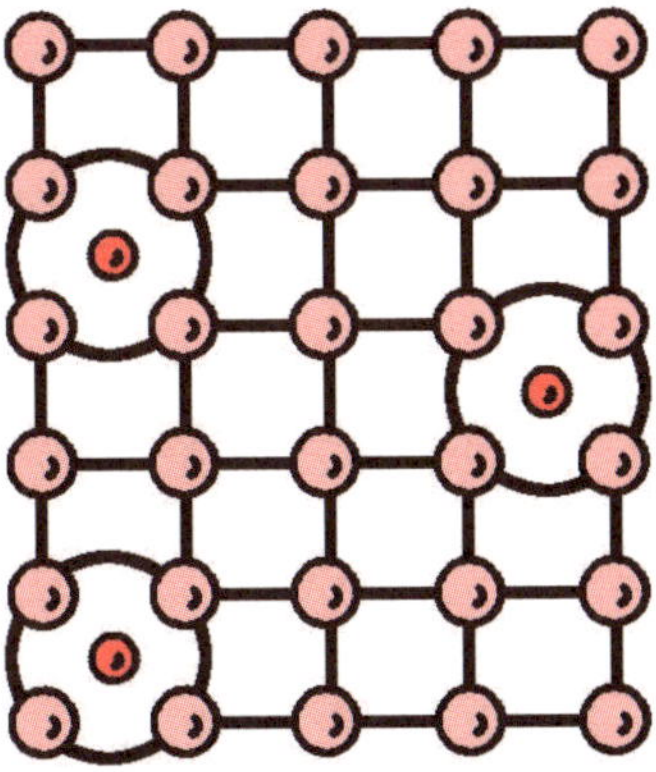

侵入型の結晶格子の歪み

金属間化合物の型式

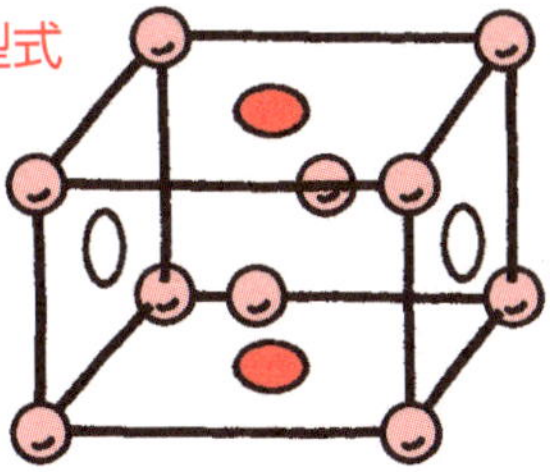

規則的な格子

用語解説

展性：たたいて板や箔になる性質。
延性：引っ張って細線になる性質。

14 鉄と炭素の状態図

最もポピュラーな鉄の状態図

Fe（鉄）-C（炭素）系状態図は右図に示すような形を表します。状態図はどの図も共通に縦軸に温度、横軸に成分濃度を示した次元内の相が長時間かけて落ち着く様子（平衡状態）を表します。すなわち図で示した各相は変化しません。図は横軸の左端が濃度0％で、右に移動するに従って濃度が濃くなり、最終の右端が100％です。

Fe-C系状態図はFeとCの二元素を表した図で、横軸にC濃度をとります。横軸の左端はC濃度が0％なので、Feが100％で純Feの位置です。

Fe-C系状態図ではC濃度を100％まで表すことが正しい図ですが、C濃度が6・67％のとき金属間化合物（Fe_3C、セメンタイト）を形成し、それ以上のC濃度で生じる相は実用的ではありません。よって多くはC濃度が0から6・67％の範囲で表します。つまり正しくはFe-Fe_3C系状態図になります。

純Feは温度により結晶格子が変化します。室温から910℃の範囲では体心立方格子を示します。これをFe（α）またはα-Feと言います。910℃を超えると一瞬で面心立方格子に変化し、Fe（γ）またはγ-Feになります。さらに温度が上昇し、1400℃で再度体心立方格子に戻ります。このようにある温度で結晶構造が変化することを変態といい、それらの温度が変態点です。

下図の見方はFe（α）にCが固溶する場合、温度によって固溶量が増加し最大の固溶は0・02％です。同じくFe（γ）へは2・06％です。

Fe-Fe_3C系状態図はC濃度が4・3％と多くなるに従って、すべて融液になる温度が次第に低くなります。これを液相線と表し、固相だけの場合を固相線と言います。

ここでFeとFe_3C間の状態を示しましたが、すべての2種以上の元素の関係は状態図で表すことができ、正確な状態図が書籍として出版されています。

要点BOX

- 鉄は炭素によって、さまざまに変化する
- Fe-C系状態図では、C濃度の範囲は0〜6.67％が実用的

Fe-Fe_3C系状態図

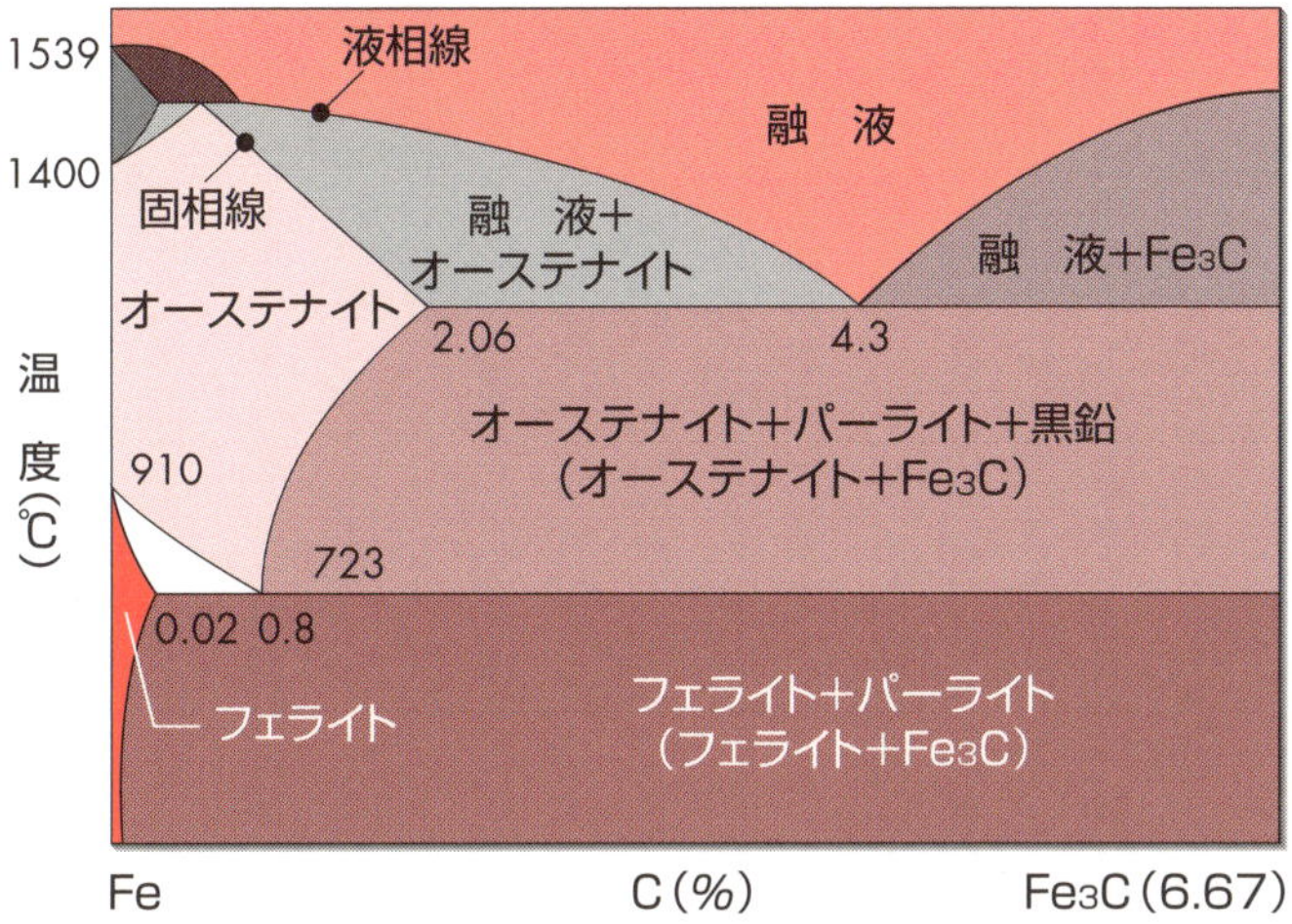

出典:「おもしろ話で理解する金属材料入門」
坂元卓、日刊工業新聞社、2000年

CのFe(α)への固溶と固溶限

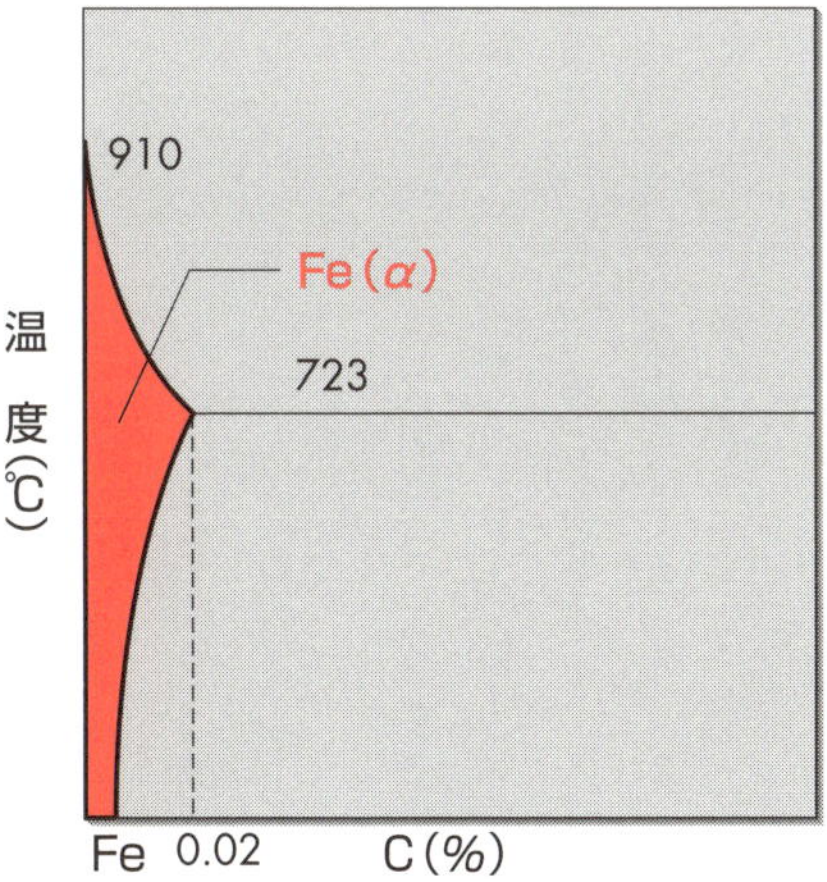

FeへCが固溶する量は室温から723℃と高温になるに従って増す。その曲線を固溶限という。

CのFe(γ)への固溶と固溶限

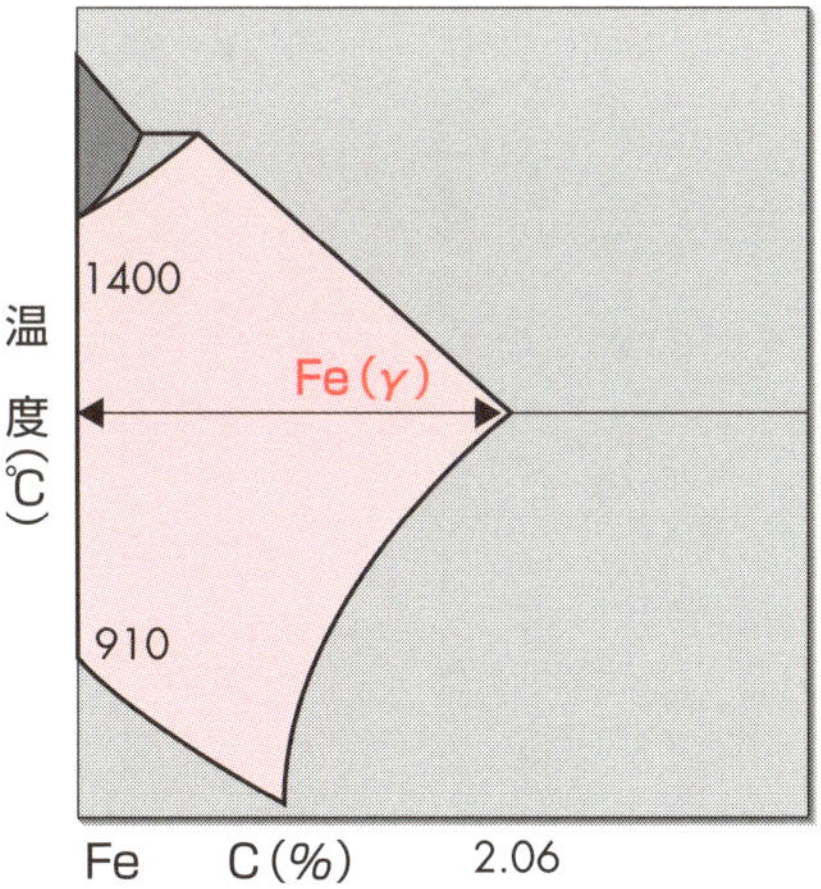

Fe(α)相も高温で矢印の範囲に示すようにFeへCが固溶する量が増す。

15 材料の組織を見る

材料内部の変化が熱処理の目的

金属材料に熱処理を施工したとき、材料外観には形として現れず材料内部に変化が起きます。その変化で材料内部はどんな組織になっているのでしょうか。

状態図の中で、ある位置から平衡を保ちながら室温まで冷却したとき、平衡状態図に対応した組織が見られます。これを標準組織と言います。しかし一方で、平衡を維持しないで急速に冷却した組織は平衡状態図と対応せず特殊な組織が出現します。

前項のFe－Fe_3C系状態図の中でC濃度が0・8%のときの合金は共析鋼と言う炭素鋼です。C濃度がそれ以下では亜共析鋼、それ以上では過共析鋼です。

標準組織の観察には光学顕微鏡を用い、材料の凹凸をなくすよう磨いただけでは観察できないので、材料を腐食させて観察します。Fe合金の腐食には主にナイタールエッチング液（エチルアルコールに微量の硝酸を混合）などを用います。すると組織内では部分的に耐食に差異が生じるので、その程度を観察します。C濃度が少ないときはFe（α）で、組織はフェライトと言い軟らかい性質を持っています。これを観察すると上述の液では腐食されにくいため白く見えます。

共析鋼や過共析鋼はC濃度が多くなりますが、顕微鏡で観察すると、次第に黒く見える部分が多くなります。この部分はパーライトといいフェライトとセメンタイト（Fe_3C）の層状混合物です。ここでは、セメンタイトが腐食されたわけです。

Fe－Fe_3C系状態図の中にはこのほかにFe（γ）というオーステナイトがあります。腐食に強い組織ですが、高温度で存在するため室温では見えません。やや硬く靭性（ねばり強さ）がある組織です。

急冷した組織は標準組織とはまったく異なる形状を示します。その代表がマルテンサイトです。笹の葉状や針状の形を示し非常に固い組織です。

金属材料はこのように組織を観察して、種類や性質を見分けることができます。

要点BOX

●標準組織とは平衡状態図に対応したもの
●フェライト、パーライトなどが代表的な標準組織

Feの組織モデル

ナイタールエッチング液で腐食させて観察した組織

（×400）

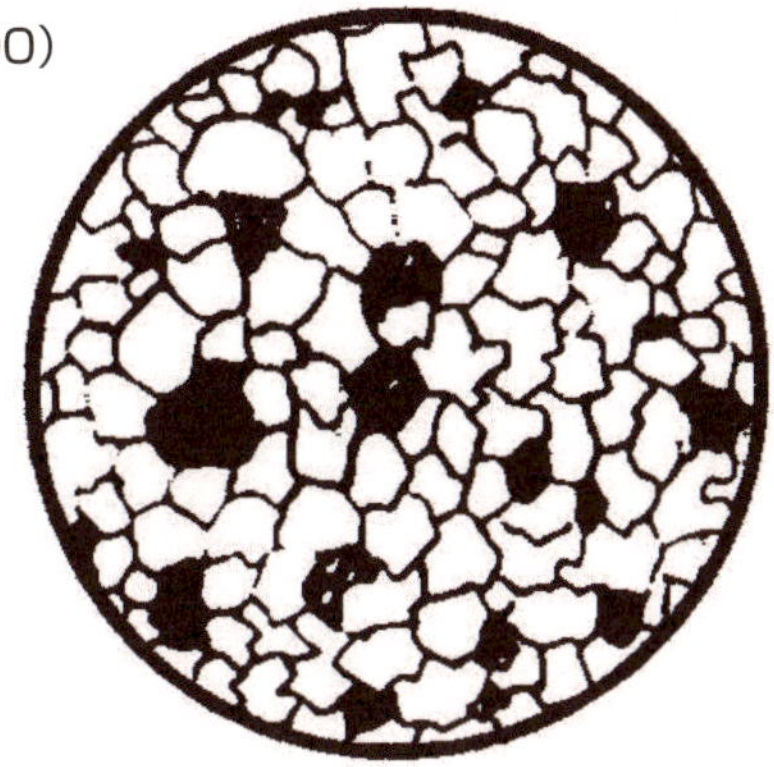

0.25%C鋼のフェライト
とパーライトの混合組織
粒々は結晶粒を表す
フェライト：白色部
パーライト：黒色部

（×600）

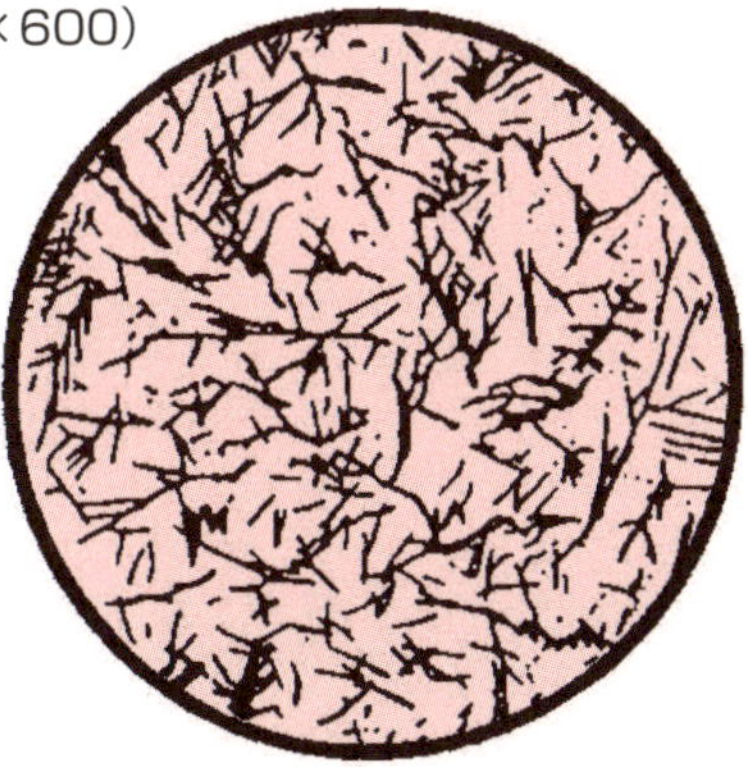

0.85%C鋼（SK5）の
マルテンサイト組織
（5%ナイタール液腐食）

（×1000）

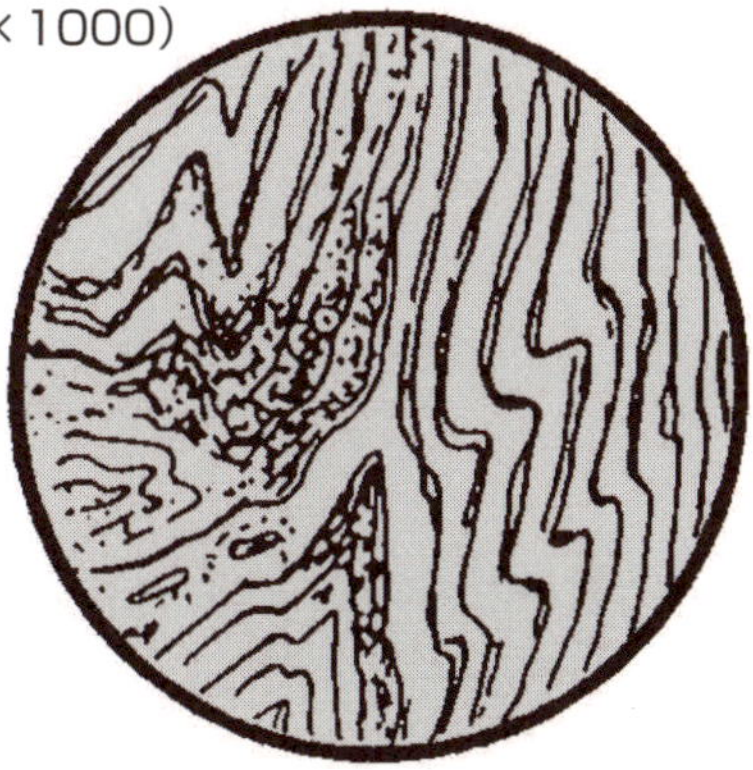

0.85%C鋼（SK5）の
パーライト組織
（5%ナイタール液腐食）

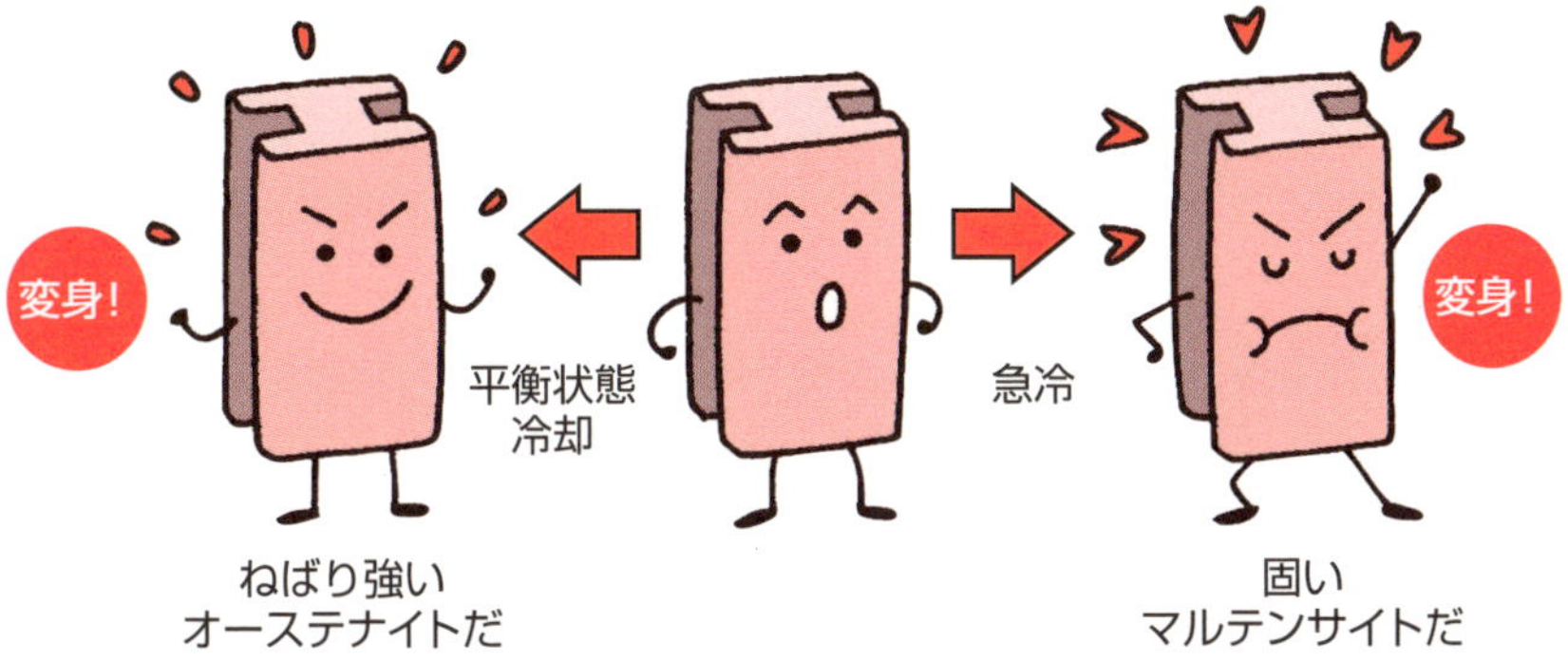
変身!
平衡状態
冷却
急冷
変身!
ねばり強い
オーステナイトだ
固い
マルテンサイトだ

Column

車輪の焼ならし

　鉄道車両の車輪は、摩耗による寿命があります。そのため、ある摩耗基準から逸脱すると、メンテナンスとして軸から外して新品と交換しています。

　このような車輪はいろいろな車両で使用されています。見回しただけでも、ＪＲの電車や貨物車、市電、炭鉱内の炭車、工場内の台車、製鉄所ヤード内の鉱石運搬車、港湾の荷役運搬車など多数あります。これらの車輪は量産品であるため、鋳鉄や鋳鋼の鋳物で製造されています。

　車輪踏面の摩耗は、使用頻度が多くなれば当然、摩耗速度も速くなります。ここで言う使用頻度とは、荷重と走行距離、コーナーリングの過多などですが、材質と熱処理の良否も影響があります。

　筆者が工場に勤務していた頃の経験で、あるユーザーから、次のような問い合わせがありました。

「購入した鋳鋼車輪の摩耗が以前より早くなってきて、取替えに要する時間や費用が増してきている。車輪の材質は間違いないのか、調べて不具合があればそれに対処してほしい」

　さっそく、現物の調査となり、送られてきた摩耗した車輪を見ると、踏面が押し潰されたように大きく摩耗していました。これは短時間で摩耗が進展したのだと判断できました。そこで、車輪の踏面部を切断して材質、硬さ、組織を調べることになりました。

　調査の結果、成分の異常はないものの、組織に鋳造組織が見られ、粗大パーライトとフェライトが偏在して現出し、硬さはバラツキが大きく全体に低位であることが判明しました。

　結論は、車輪を鋳造した後の熱処理は皆無と言ってよく、すなわち均質焼なましと焼ならしを施工しなかったため、全体の摩耗が始まる前に軟らかいフェライトが起点になり、押し潰されて踏面の原形が急速に崩れたということでした。仮に均質焼なましを施工していたとしても、焼ならしを行わないと、やはりフェライトからピッチングが始まって、摩耗が急進展したと推測されます。

　この経験で、焼なましや焼ならしの重要性が改めて理解できたと思います。鋼は組織が顔であり、生まれと経過（トレーサビリティ）がよくわかるものなのです。

第3章

熱処理の基本装置

16 熱処理の概念と目的

文明の興亡に関与した熱処理

鉄鋼は成分、とくにC濃度や加工の方法、加工度などによって大きく性質が変化します。さらに鋼に加熱と冷却を施工すると特性が著しく変わります。

世界の文明の発達地を見てみますと、戦争に使用する武器の優劣で支配が変転し興亡を繰り返してきたと思われます。古代人は身の回りの石を巧妙に加工し戦に勝ちました。ところが青銅が発明されると石器文化の民族は敗れ去り、青銅器文化の民族が優位を誇りました。次に鉄器文化の民族が台頭してくるのです。

鉄を製造するためには高い加熱温度が必要条件になりますが、青銅を製造する際に使用した木炭より石炭を発見して燃焼すると、さらに高温度を発生することがわかり、鉄鉱石を還元するノウハウも確立して鉄を作る民族が支配力を強めてきます。

古代日本でも戦争の道具には生活用品より優先して強い材料を求めてきました。昔の物語に登場するような剣や矢じりなどは、良質な鉄鉱石を還元して鉄を作り、C濃度を調整しながら鍛えたのです。

しかし、そこで製作工程が終わったわけではありませんでした。古代人はできあがった武器や生活用品に熱処理を行うと、性質の変化が生じて強力な強さを具備するようになることを発見したのです。

多くの産業機械に使用される材料は、良質な鉄鋼に熱処理を行い目的の性質を得ています。この一連の加熱や冷却の操作が熱処理（heat treatment）で、熱の履歴を熱処理履歴（または熱履歴曲線）と言います。鉄鋼を熱処理することによって、特性が大きく変わることは鉄鋼の特徴でもあります。

熱処理は大きく区分すると、以下の4種類に分けることができます。

・焼なまし（annealing、焼鈍とも言う）
・焼ならし（normalizing、焼準とも言う）
・焼入れ（quenching または hardening）
・焼戻し（tempering）

要点BOX

●熱処理履歴とは一連の加熱や冷却の履歴
●熱処理は大きく分けると焼なまし、焼ならし、焼入れ、焼戻しの4つがある

道具の変遷

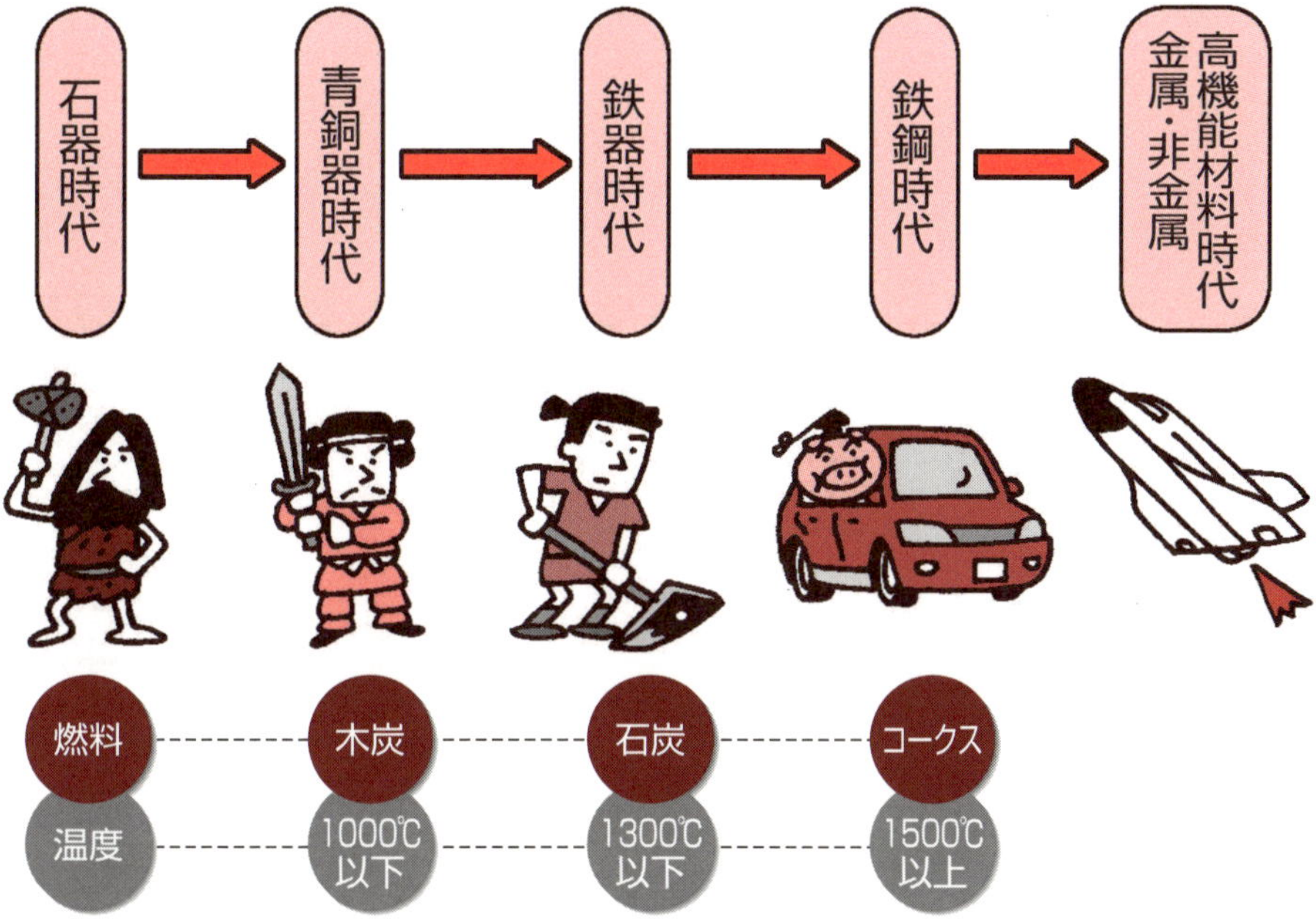

低融点であるアルミニウムの時代はない。アルミニウムの鉱石であるボーキサイトは電流利用による還元が必要であるためである。

熱処理の区分と目的

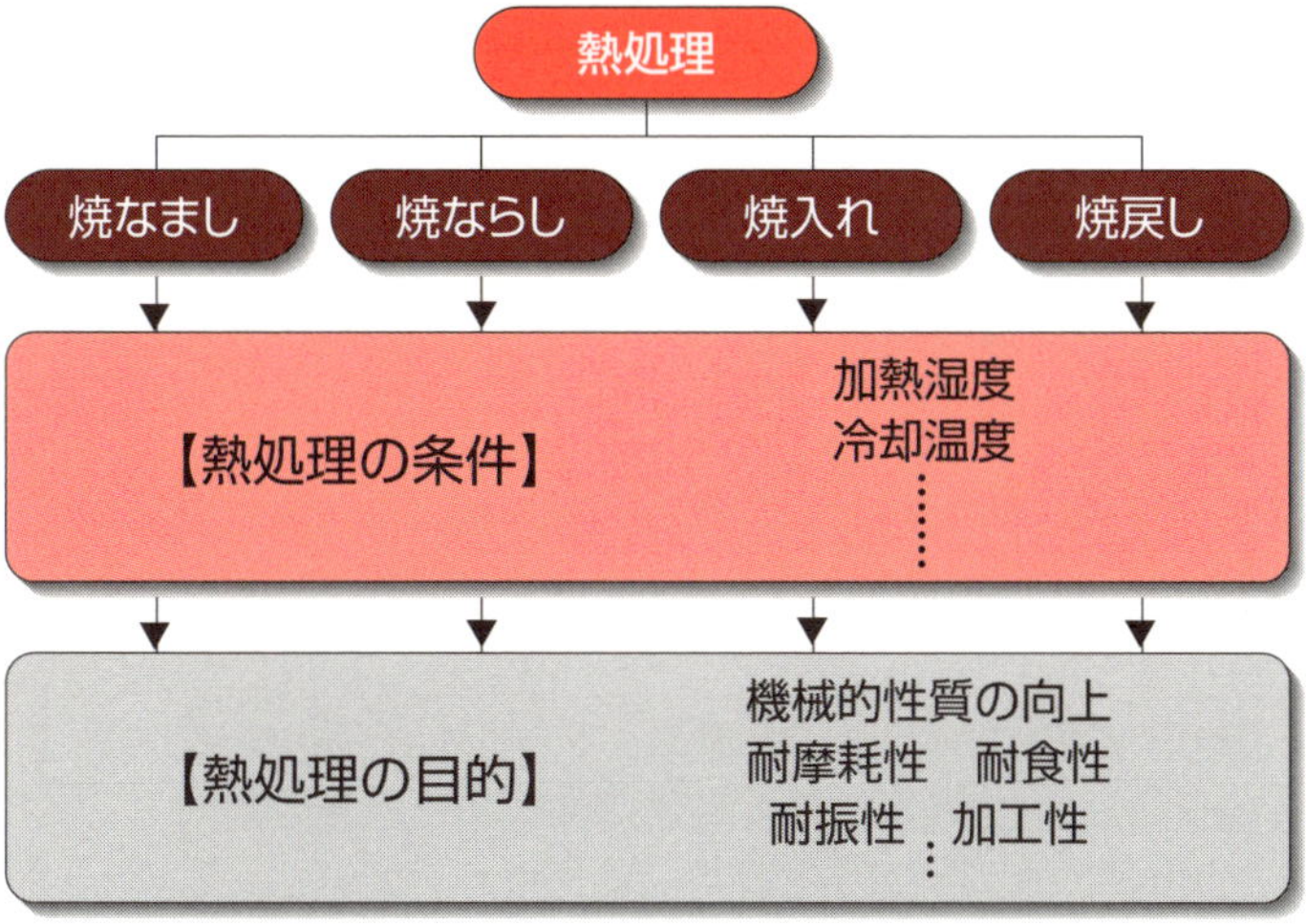

17 熱処理の加熱炉

加熱炉は熱処理の中心的な設備

熱処理を行うためには加熱が必要です。

一般に工業用の加熱には各種の炉形式が考案され実用化されています。加熱炉は炉内が高温度にさらされるため、耐火煉瓦（主成分Al_2O_3、カーボランダム）で内張りをして、その外側は断熱煉瓦で取り囲んでいます。炉の外壁は鋼板で炉体構造（殻）を形成し、耐火性の銀白塗装をする例が多いようです。

炉は単基では前面に扉があり熱処理対象物の装入・取出しを行います。扉の開閉は手操作、電動式などがあります。大型のバッチ式の加熱炉はこの方式が多くなり、装入・取出しが容易になるように対象物を台車上に載せて台車ごと加熱する構造もあります。

炉の扉は、内部の熱が逃げないように密着する構造になっています。また、加熱炉は他の装置と連携できるように、後方に取出し扉を設ける例もあります。連続式加熱炉は加熱炉やその他の装置を組み込んだ長い構造となっており、装入後に各炉で加熱されながらコンベアで運搬されます。最後の取出し扉から出たときは、一連の熱処理が完了している構造です。この連続式加熱炉は自動車産業などの大量生産向きです。

加熱炉の種類では、熱源の種類によりニクロム（Ni-Cr合金）線やSiC（炭化珪素）抵抗体を使用した電気加熱式と、重油・灯油燃焼式が主流です。

前者は温度制御が容易で精密な温度確保が可能ですが、抵抗体の加熱限界は約1200℃程度であり、最高温度の加熱に限界があります。この温度を超えると、抵抗体は急速に劣化して断線してしまいます。もちろんNi量を多くして耐熱性を具備し、最高温度を少し高めた抵抗体も開発されています。これらの抵抗体は炉壁に取り付けてあり、常に高温にさらされ劣化が進むので、定期的に点検して交換しなければなりません。

重油・灯油燃焼式は電気式より大型加熱炉に多用され、高温度を得ることが可能ですが、温度の微調整が電気式と比較して難しくなります。

要点BOX

- ●加熱炉は電気加熱式と重油・灯油燃焼式が主流
- ●重油・灯油燃焼式は、電気加熱式より高温度が可能だが、温度の微調整に難あり

電気式加熱炉

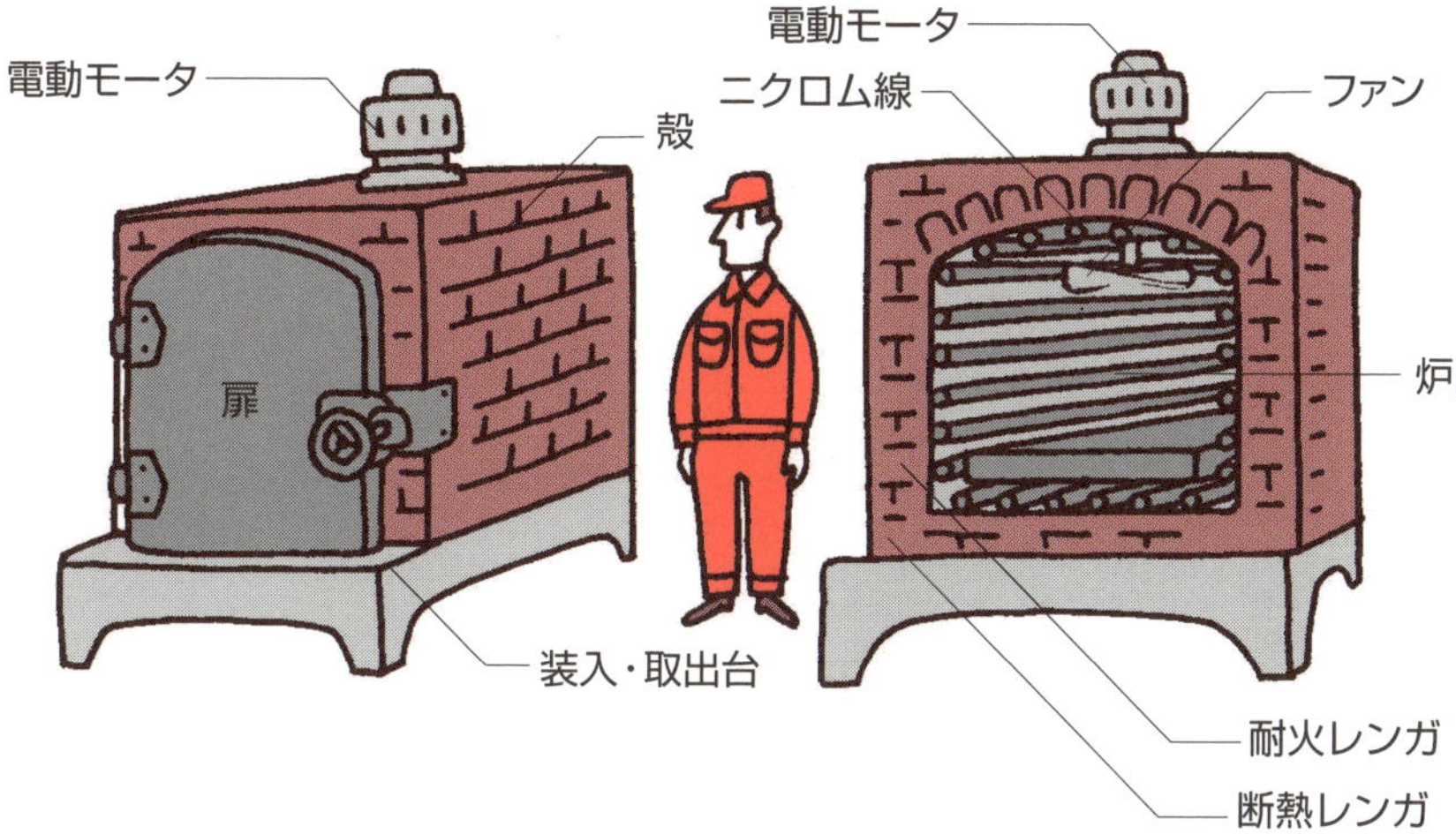

連続熱処理炉

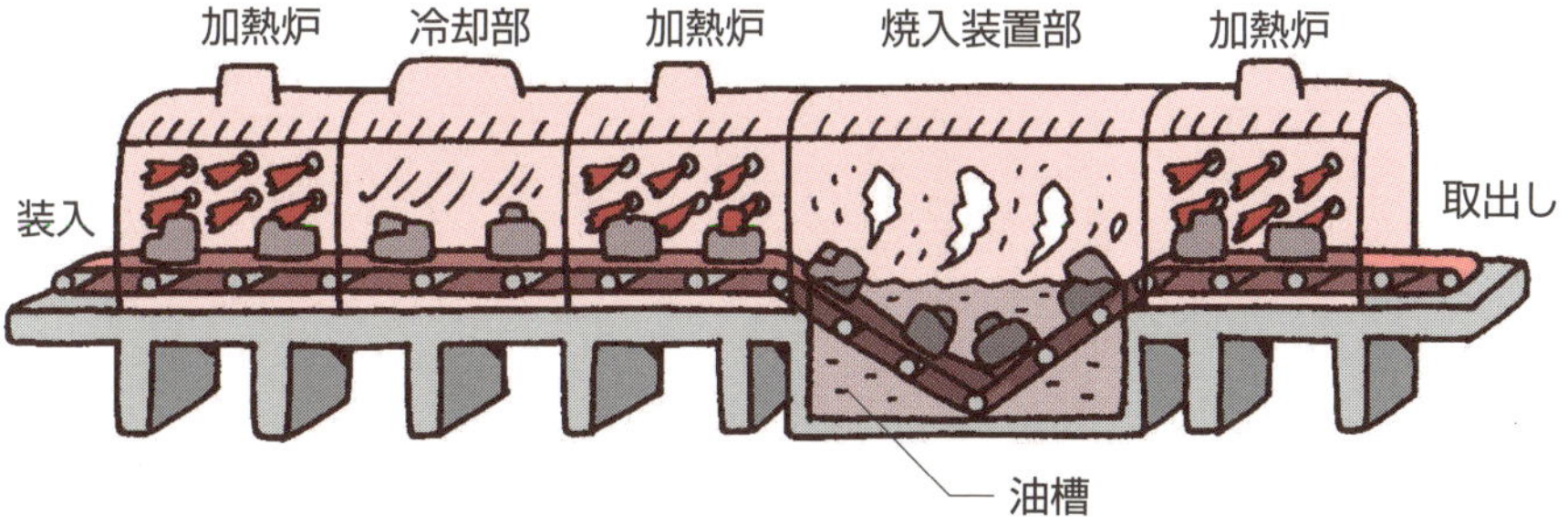

重油式加熱炉（台車付）

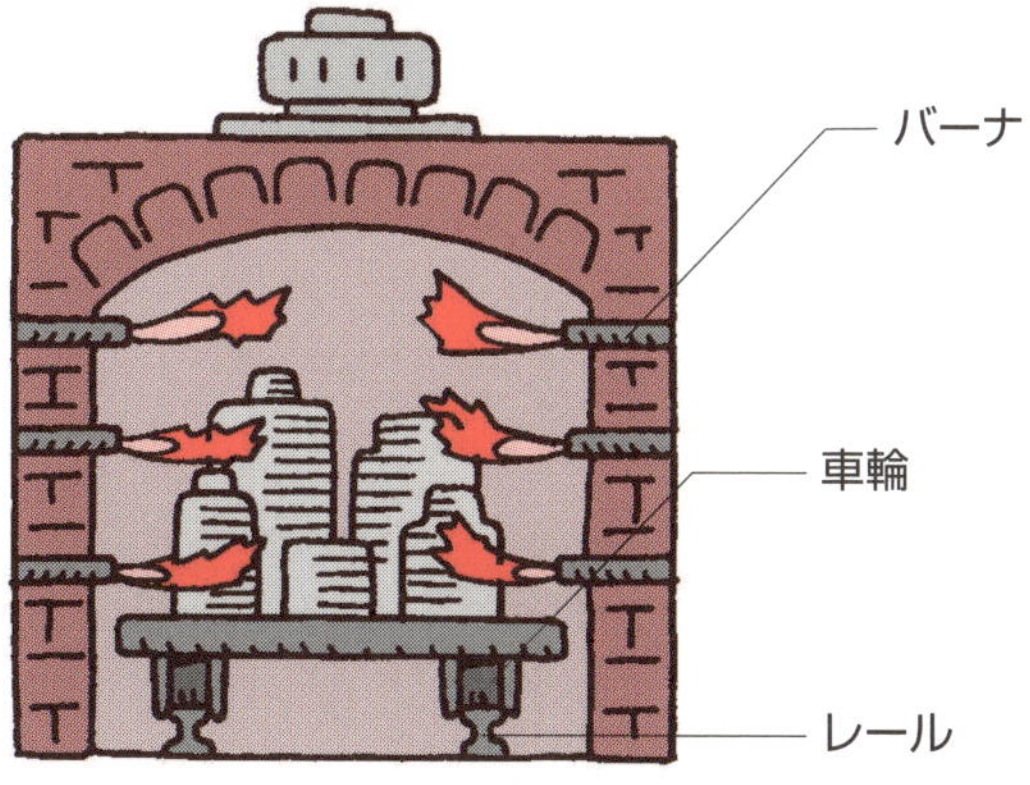

18 熱処理の冷却装置

冷却にも気を遣わなければいけない熱処理

熱処理は加熱と冷却の操作が必要です。冷却は加熱操作より安易になりがちですが重要な操作です。

冷却には温度の時間当たりの降下速度を考慮します。冷却速度をできるだけ遅くしたいときは、対象物を加熱炉に入れたまま加熱を止めて冷却します。これを炉内冷却（炉冷）と言います。この際の冷却速度は、炉内に蓄積している熱量、対象物の蓄積熱量、炉外に逃散する内部の熱量により変わります。厳密に冷却速度を制御したい場合は、温度降下が早いときは段階的に途中で加熱しなければなりません。しかし、目的速度より冷却速度が遅い場合は制御できないので、前もって適性速度になるように炉の操作や装入量を調整しなければなりません。

次は加熱炉から室内に取り出し、その後は自然の温度降下に任せる冷却です。これは空気冷却（空冷）と言います。この方法は対象物の重量や表面積によって、そのつど温度降下が異なります。対象物の部位によっても降下速度が異なります。空冷する場所は、高温に加熱された対象物を置いても問題が生じない土間や基礎面を確保しなければなりません。

大型重量品は空冷でもなかなか温度が降下しない場合があります。そのときは、大型噴霧器を使用して冷却します。これを噴霧冷却と言います。

急激な冷却は焼入れになります。原則としてできるだけ急速な温度降下が要求されるため、対象物を室温まで急冷できる水槽が必要です。焼入れを繰り返す場合は、水温が上昇してしまい冷えなくなるので水槽容量も考えなければなりませんし、水の冷却装置、水槽内を撹拌する機構も必要です。

冷却に油を使用する場合も同様です。油に焼入れする際は油温を設定する条件も重要で、油温の加熱冷却装置を具備しなければなりません。水槽や油槽は焼入れのたびにスケールが落下して底に堆積するので、定期的に除去する装置も必要です。

要点BOX

- ●冷却には温度の時間当たりの降下速度が重要
- ●冷却には炉内冷却、空気冷却、噴霧冷却、焼入れなどがある

噴霧冷却

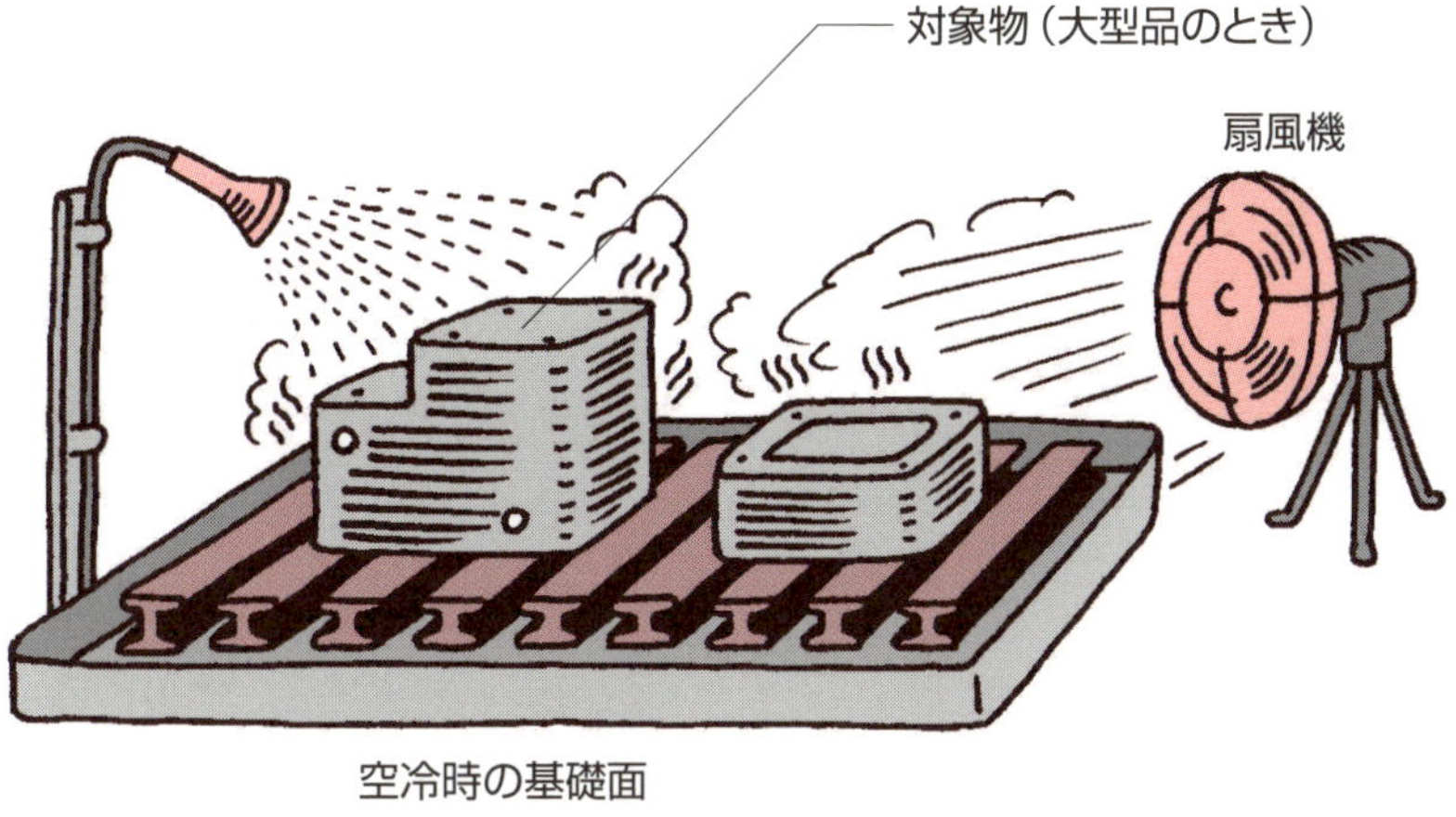

ピット式槽形式モデル

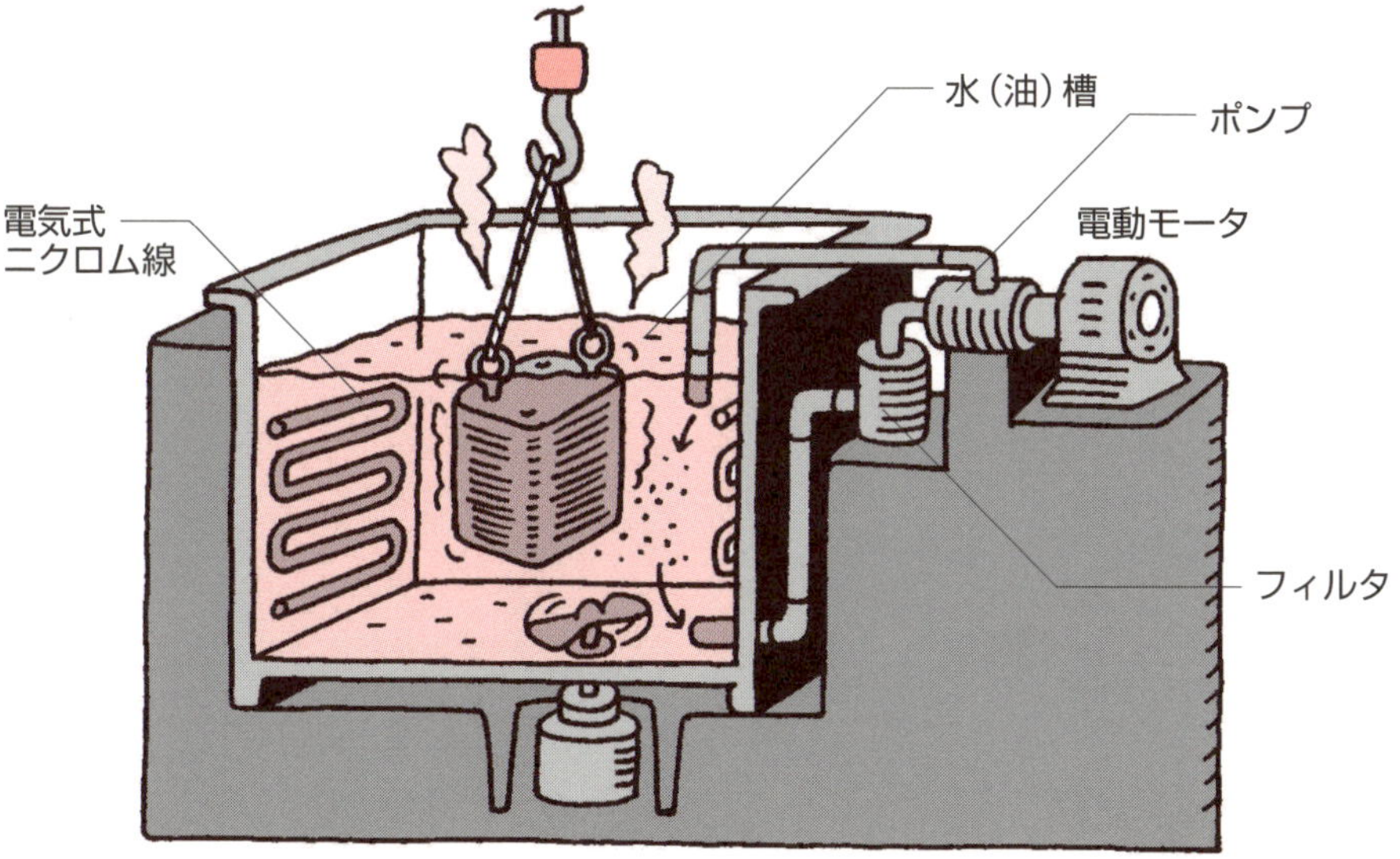

19 熱処理に必要なその他の装置

確実な熱処理を行うために

加熱炉には使用前に決められた設定温度と上昇速度、保持時間などのプログラムを組みます。そのためには温度計、温度調節器あるいはプログラムを設定できる機器が必要です。簡単に手操作で制御を行う場合は温度計だけですみますし、目測で温度を正確に読み取ることが可能ならそれも不要です。これらの温度計は加熱炉の周辺外部や大きい工場では専用の部屋を設けて集中管理をしています。

温度計測は加熱炉内に設置した熱電対をセンサー（検出部）にして炉外部に取り出し、導線を温度管理室まで延長しています。最近は導線を使わず電波方式で計測することも可能になりました。熱電対や温度計各種は保守のため定期的にゼロ点を確認して調整し、不良品は交換する必要があります。

熱処理対象物を加熱炉へ装入や取出すには人的な労力が必須です。そのため建家内の各所に局部的な吊上げ装置や天井に走行クレーンが整備されています。クレーンは加熱炉から取り出したら、すぐに冷却装置まで搬送して適切な冷却速度を保ちながら次の工程に連結しなければなりません。そのためにはクレーンの吊上げや降下の速度および走行速度が早くなければなりません。

加熱炉に熱処理対象物を装入するときには、1個ごとに順次入れるのではなく、バスケットを利用して量をまとめて装入する必要があります。このバスケットの形状、大きさ、材質も検討しなければなりません。多くは寿命やコストを考えてステンレス製などを購入するか自社製作しているようです。

熱処理が終わったあとは種々の検査が必要です。光学顕微鏡も必要な機器です。正しい熱処理が行われたかを組織検査しなければなりません。そのほかにもいくつか必須の機器があります。周辺装置ではコンプレッサー、ガス集合装置、洗浄装置、硬さ計測の機器、非破壊検査装置などです。

要点BOX

- 的確な温度管理の設備が必要
- 冷却速度を保つため、吊上げや降下の速度、走行速度が速いクレーンが必要

温度計測設備

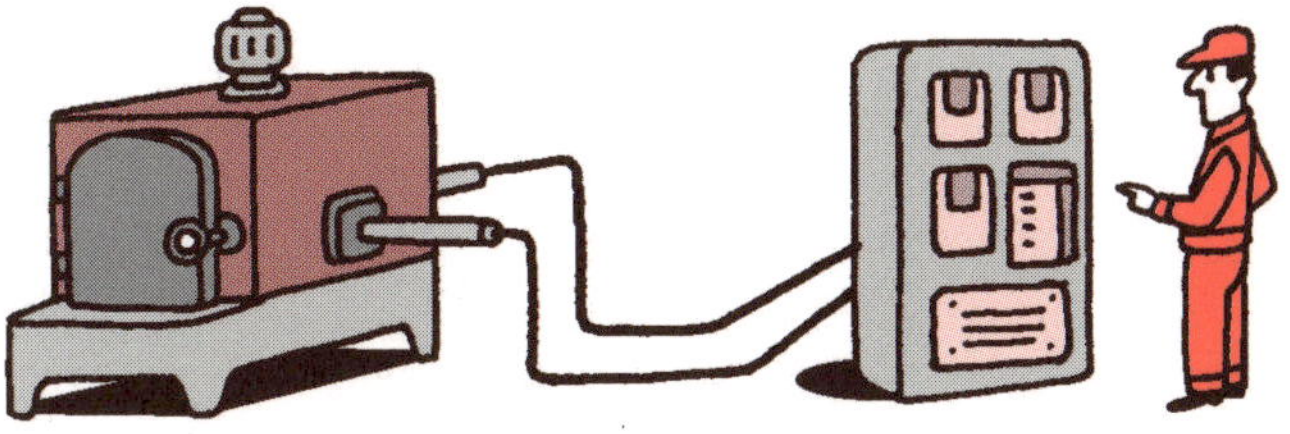

湿度調節器（湿度制御装置）
最近は電波方式のものもある

吊上げ装置やクレーン

適正な熱処理には確実に移動できる設備が必要

その他必要な機器

検査に必要な光学顕微鏡

コンプレッサー

Column

ひまし油の効果

筆者の学生時代、卒業研究のテーマはばね鋼の焼入性の研究でした。使用した対象鋼は合金工具鋼（ＳＫＤ61）であり、冷却剤の種類を替えて冷却能を計測し、焼入性を比較測定することでした。冷却剤は菜種油（白絞油）、ひまし油、鉱物油の数種を使っていました。

研究は講義後、夕方からじっくり始めます。熱処理の試験は加熱に時間がかかり、夜半になってしまうからでした。夕食は実験の合間にすませるものの、夜遅くなるとお腹が空いてきます。そこで、何か調達しなければいけません。昭和40年当初では、現在のような、ファーストフードやファミリーレストラン、コンビニエンスストアもなく、深夜に食べ物を調達するのもままならない状況でした。

今となっては時効なので白状しますが、薬品戸棚からエチルアルコールを取り出して水で5倍に薄めて、度数20度の酒として飲んでいました。教授はアルコールがすぐなくなるのを見て、「研究が進んでいるようだね」と笑っていましたが、薄々知っているようでした。

酒のつまみとなると、夏なら隣家の庭から失敬したミョウガと、小銭を出し合って安い鰯やサツマイモを買ったりしました。鰯やサツマイモの多くはフライにして食べます。もちろん、それに使用する油には、研究室にある特級の菜種油を使用することになります。

ある日いつもの方法で調理してフライを食べましたが、何だか味が変でした。しかし酒の勢いで、全員でフライをたいらげてしまいました。翌日、数人は登校したようですが、私は猛烈な下痢に悩まされ、登校できませんでした。下痢の原因は、フライの油に焼入れずみの油を使用してしまい、残渣やスケールもいっしょに食べてしまったことでした。

若気のいたりと言うのか、懲りないと言うのか、2度目の大失敗が発生します。今度の油は新油でしたが、ひまし油を使ってしまったのです。酒と空きっ腹には勝てず、前回同様、変わった味だと思いつつまたも完食してしまいました。その結果、ひまし油が猛烈な下剤の役目を果たすことを、身をもって経験する羽目になりました。この2度目の惨事は、研究室の5人全員がダウンするほど強烈な下痢を引き起こしました。

第4章

熱処理の手法と操作

20 焼なまし①

完全焼なましと中間焼なまし

本章では熱処理の方法を解説しましょう。

最初は「焼なまし」です。私達は、うまく運動ができないときに身体が鈍ったと言いますし、ナイフの切れがよくないときになまくらとも言います。この鈍《にぶ》ると言うことが熱処理の焼なましです。鈍るという漢字を使って焼なましを焼鈍《しょうどん》とも言います。

焼なましの目的は鋼の組織の改善、鋼の軟化、内部応力の開放と除去、炭化物の球状化、鋼内組織の均質化などがあり、これらは焼なましの方法によって選ぶことができます。

焼なましの代表的なものに「完全焼なまし」があります。方法は亜共析鋼ならAc_3点以上50℃までの温度域、過共析鋼ならAc_1点以上50℃までの温度域まで加熱したあと、ゆっくり冷却します。鋼は内部まで同じ温度に加熱しなければならないので、設定温度域でしばらく維持します。保持時間は炉の加熱容量によっても増減はありますが、対象物の肉厚さ1インチに対して1時間を標準にしています。

冷却するときは、徐冷のために主に炉内で熱源を切ってそのまま冷却します。対象物は炉内で冷却し始めて炉外に取り出すまでには長い時間がかかります。そうすると、1基の炉が徐冷のためだけに占有されてしまうという欠点があります。その改善のために、加熱が終了したら冷却用の炉または断熱剤（加熱した焼灰など）の中に移すこともあります。

完全焼なましは、熱間で加工された鋼内の組織を微細化したり、材質を軟らかくすることが大きな目的です。

また、完全焼なましは時間がかかり多くの熱量も消費するので、軟化を目的にするだけなら「中間焼なまし」（または低温焼なまし）を行うこともできます。方法はAc_1点直下まで加熱して炉外に取り出して空冷します。鋼はこの方法で充分に軟化し、切削性や加工性が上がります。

要点BOX

●焼なましの目的は鋼の組織の改善、鋼の軟化、内部応力の開放と除去、炭化物の球状化、鋼内組織の均質化などがある

焼なまし温度

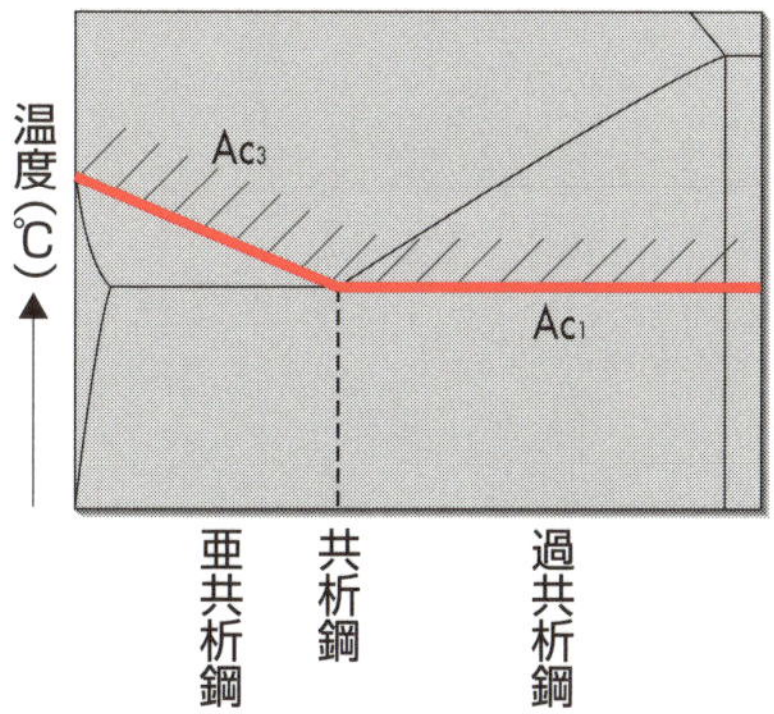

斜線部の領域で焼なましを行う。

完全焼なましの熱履歴

亜共析鋼

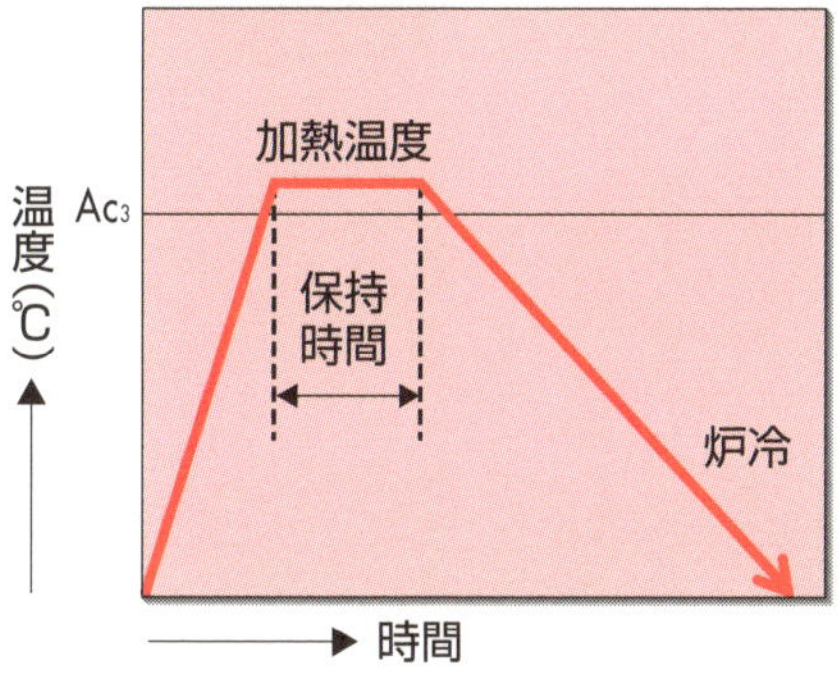

過共析鋼

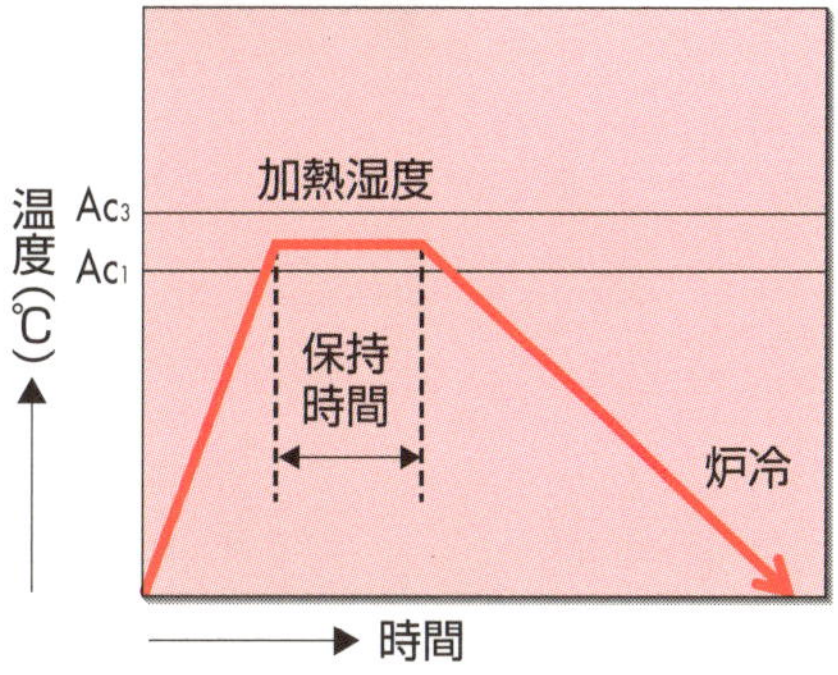

完全焼なましでは亜共析鋼はAc_3点以上50℃まで、過共析鋼はAc_1点以上50℃の温度域まで加熱する。また完全焼なましは、炉内で徐冷するため時間がかかる。

中間焼なましの熱履歴

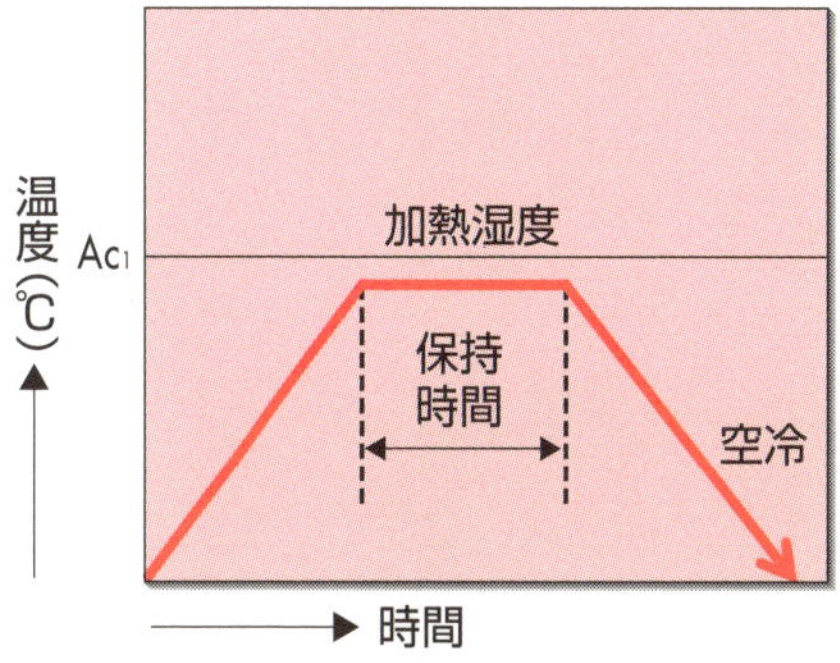

鋼の軟化のみが目的なら、Ac_1点直下まで加熱して、空冷することで充分に軟化する。

21 焼なまし②

球状化焼なましと均質化焼なまし

鋼の中でC濃度を多く含む過共析鋼（高炭素鋼）は、パーライトの中のセメンタイト（Fe_3C）分が多量に存在します。セメンタイトは硬い特性を持っているので、工具や軸受などの鋼に現れる組織です。鋼を製造したときに、組織内のセメンタイトの大きさや形状はさまざまなので、大きさを小さく揃え、形状を異形や板状から丸い形に変えます。このセメンタイトの大きさを小さくし球状化する操作が「球状化焼なまし」です。これにより、工具では切れ味が良くなり、軸受では耐摩耗に効果が出てきます。

セメンタイトはAc_1点前後に加熱すると板状が小さく切れ切れに分離されてしまい、それぞれの形状が表面張力によって小さく丸く、球状化します。

球状化焼なましには、次の方法を用います。

①Ac_1点直下で長時間加熱したあと、炉冷（または空冷）する方法

②Ac_1点直上に加熱保持したあと、Ac_1点直下まで冷却する一連の操作を2、3回繰り返す方法

セメンタイトの形状は光学顕微鏡で確認します。

次は鋳造品に対する焼なましです。鋳造品は溶鋼を鋳型に鋳込んで製造します。溶鋼の状態ではさまざまな成分が溶け合っているはずですが、うまく製鋼しても部分的に相互に固溶していないこともあります。これは成分同士によっては固溶に難易があり、成分同士の比重の差異もあるからです。この状態で鋳込みを行うと、当然冷却したあとも部分的に成分上の濃度が異なり、また、鋳型の形状によっても助長されます。成分上の濃度の差異を偏析と言います。

鋳造品内の成分を相互によく固溶し、偏析を少なくすることは鋼質の改善に繋がります。この対策に「均質化焼なまし」をします。

均質化焼なましは鋳造品に対して1100℃から1150℃の高温度まで加熱して、鋼内部のそれぞれの成分や不純物を拡散して均一にする操作です。

要点BOX

- ●セメンタイトの大きさや形状を小さく球状化する操作が球状化焼なまし
- ●鋳造品に対して行う均質化焼なまし

球状化焼なましの熱履歴

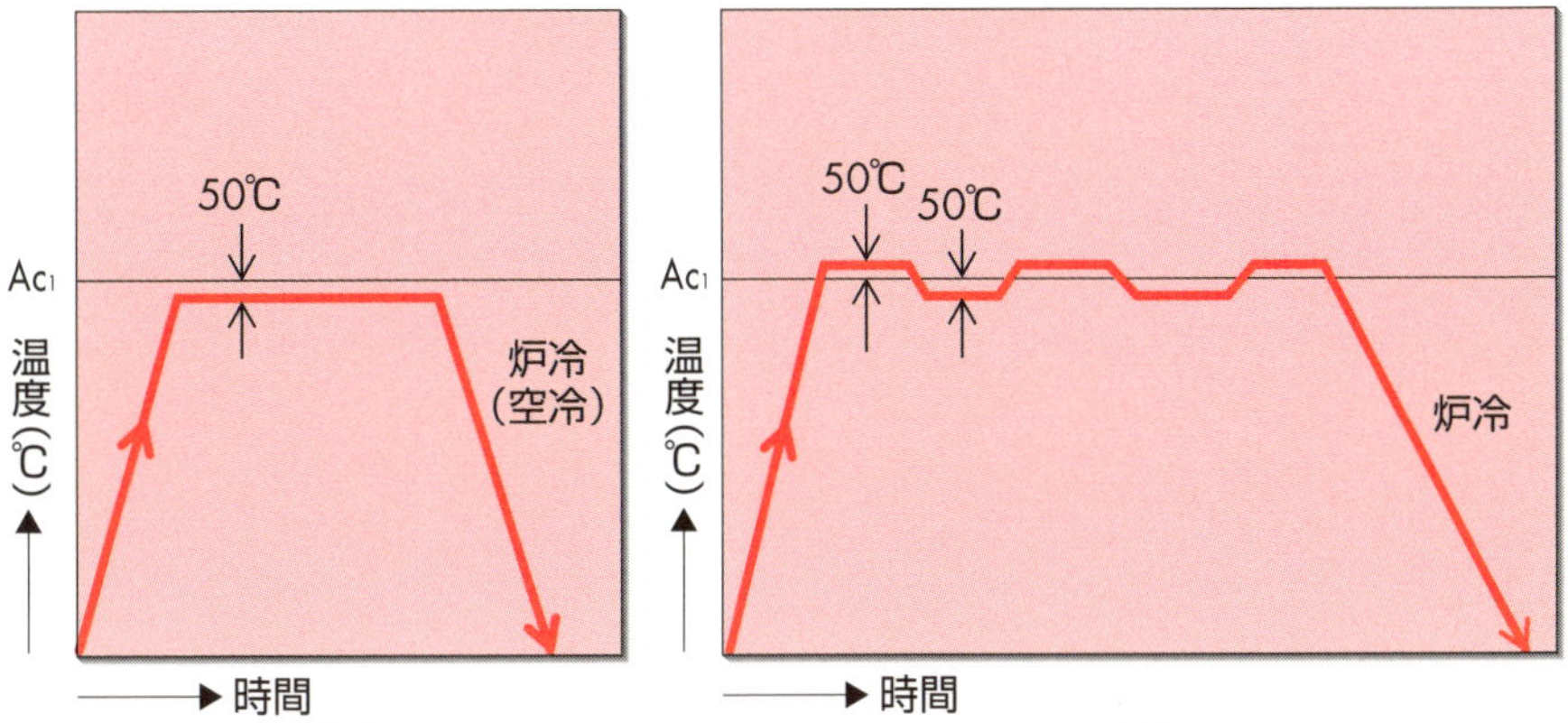

（a）　　　　　　　　（b）

（a）Ac1点直下で長時間加熱したあと、炉冷もしくは空冷する。
（b）Ac1点直上までに加熱したあと、Ac1点直下まで冷却する。これを2、3回繰り返す。

均質化焼なましの熱履歴

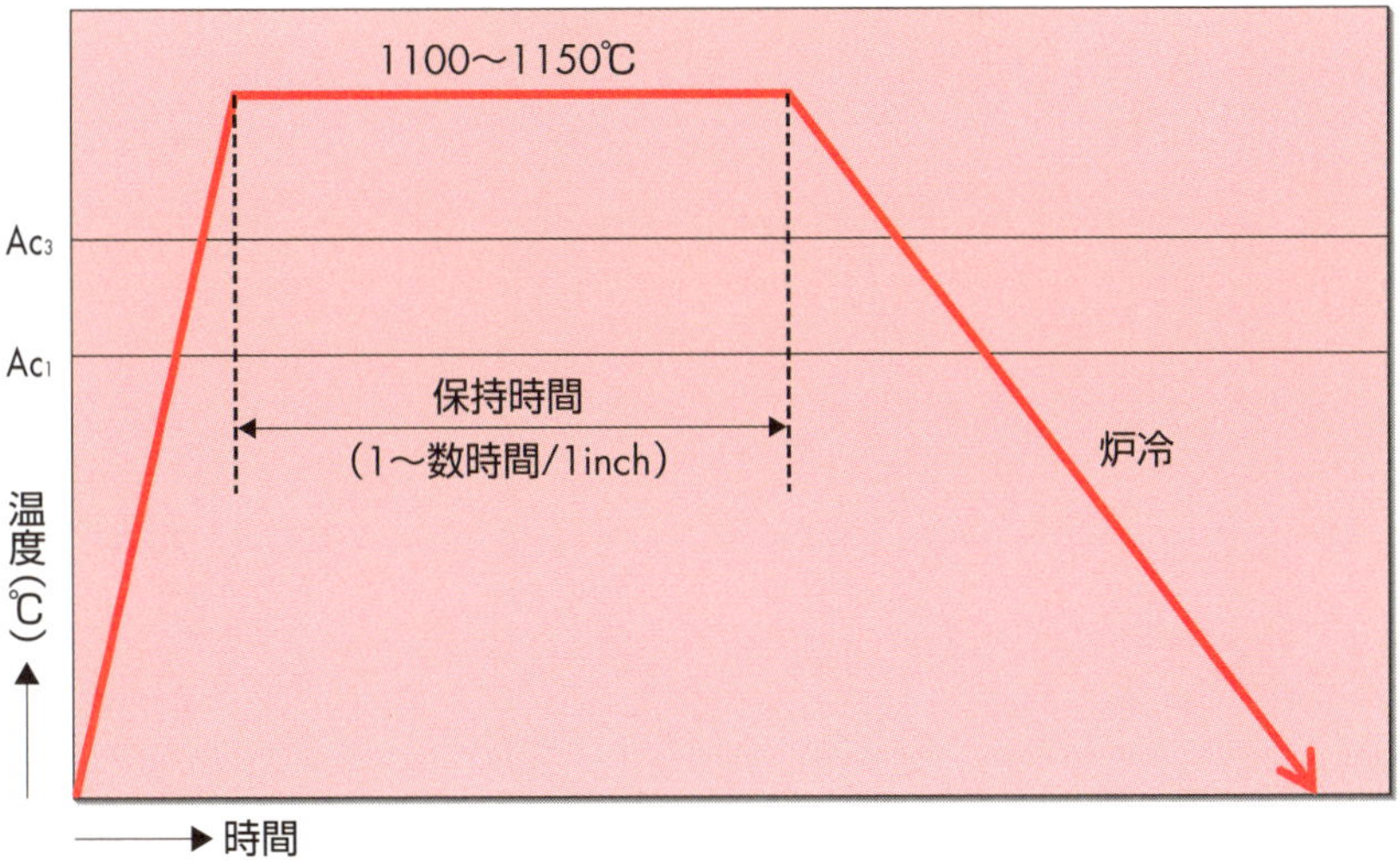

1100～1150℃まで加熱して、炉冷する。こうすることで、不純物を拡散させて成分を均質化できる。

22 焼ならし①

内部応力をなくし、均一な組織の鋼に

焼ならしには次の目的があります。

①鋼の内部応力を開放して除去する
②鋼の結晶粒を小さくする
③鋼の材質改善を行う
④圧延などの塑性加工をしたときに生じた繊維組織を解消する

①は④とも関係しますが、鋼を種々の形状や規定寸法に製造する際に熱間で塑性加工します。これを熱間加工と言いますが、その際加工度が高くなるに従って鋼の結晶構造の配列が大きく乱れます。そのとき原子が移動しますが、原子が存在すべきところに原子がないと、結晶構造に歪みが生じてしまい応力が内包されてしまいます。たとえば殴られたとき、すぐにはこぶもできず外観上の変化は見られませんが、痛みは残ります。この痛みが鋼内部の応力というわけです。このまま時間が経つと鋼に応力が作用し元に戻ろうとして寸法に変化が出てきます。そこで内部に蓄積されている応力を消滅させておくことが必要になります。

②は高温度で加工した鋼は結晶粒が大きいサイズになっています。鋼は高温度、とくにAc_3以上で加熱すると結晶粒同士が合体して次第に成長して大きくなっていきます。大きい結晶粒を持つ鋼は、そうでない鋼と比較して機械的性質が劣るため、熱間加工したあとは結晶粒をできるだけ小さくしなければなりません。

③は、①や②を行うなどして鋼組織の方向性を消失させるなどの材質を改善します。

④は圧延などの熱間加工をしたとき、加工方向に組織が流れます。顕微鏡で観察すると、組織の白地がフェライトで、黒地がパーライトで組織が流れている繊維組織が見えます。全体の組織の中でこのような不均一な組織があれば耐摩耗性も悪く、機械的性質は流れ方向とそれに直角方向では異なるため、同一の強度が確保できなくなります。このため焼ならしを行って均一な組織にしなければなりません。

要点BOX

●熱間加工などで生じた内部応力や繊維組織を改善する
●結晶粒をできるだけ小さくする

結晶粒の成長

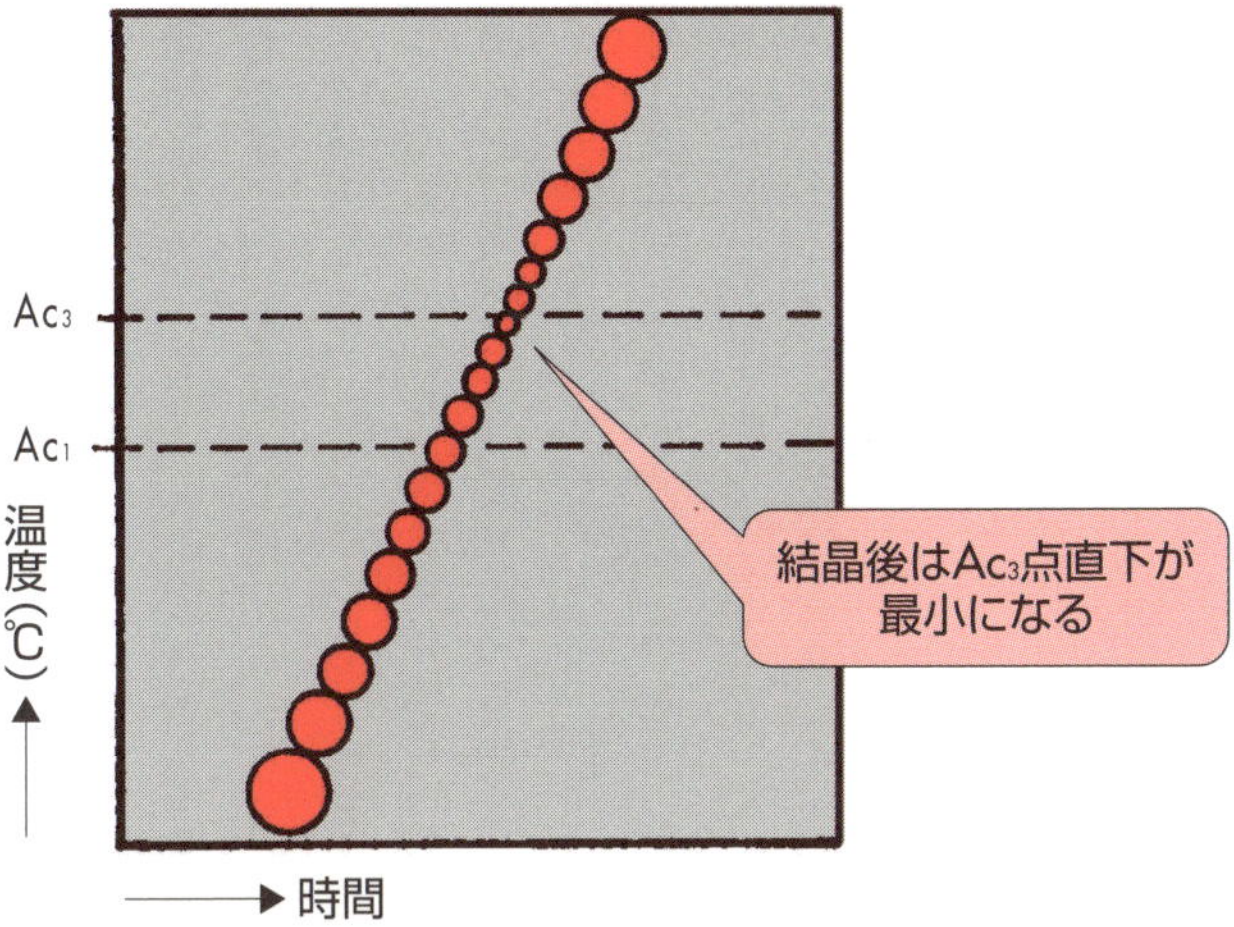

繊維組織

圧延などの熱間加工をしたときに繊維組織ができる。白地はフェライト、黒地はパーライトの組織。

焼ならし後の組織の均一化

焼ならしを行って、組織を均一化する。白地はフェライト、黒地はパーライト。

用語解説

熱間加工：鋼をオーステナイト組織になるまで（亜共析鋼では900℃～1000℃など）加熱して加工する。
塑性加工：変形を伴う加工のこと。

23 焼ならし②

空気冷却を行う焼ならしには安全対策が必要

焼ならしは加熱し、一定時間保持して内外の温度を一定に維持したあと、加熱炉から取り出して空気冷却（空冷）します。このとき加熱温度が高いと、結晶粒が成長して大きくなってしまうので注意が必要です。また加熱炉から取り出して土間または既設の台上で冷却する場合は、同時に接触部や周囲も加熱されるので、近くに可燃物を置いていないこと、加熱により変形する物を置かない対策が必要です。とくに処理品の温度が高いことが外観上わからない場合、触れたりすることがないように注意を喚起すべきです。熱処理工場ではすべての品物を触れるときは、手をかざして熱の発散を確かめることです。

焼ならしは完全焼なましと類似した加熱方法ですが、加熱炉から取り出したあとの冷却速度が速いという違いがあります。

また完全焼なまし後の組織はフェライトとパーライト（フェライトとセメンタイトの混合組織）であるのに対して、焼ならしした組織はソルバイトという組織が観察できます。このソルバイトは基本的にはパーライトと同じで、組織の大きさが小さく微細化しているに過ぎません。だた硬さと強さはパーライトと比較して強靭で、ばねや線材などを製造する際に利用されます。

焼ならしを行う対象物はさまざまです。大型品は熱容量が大きいので、加熱炉から取り出したあともなかなか冷却できません。そうするとソルバイト組織になりにくく、結晶粒も小さくできません。その対策として噴霧冷却を行います。水道のホースにエアーを出すパイプをつなげて強力に広範囲に散布します。

もっと大きい重量物はそれでも限界があるので、加熱炉から取り出した直後にいったん大型水槽に全体を浸けて表面温度を降下させます。水の沸騰がすんだ頃合いに品物を取り出すと、内部の熱で復熱して表面に赤みが戻るので、全体として冷却速度が速くなります。

要点BOX

- 焼ならしは加熱炉から取り出して空気冷却する
- 焼ならしは完全焼なましより冷却速度が速い
- 焼ならしした組織はソルバイトになる

亜共析鋼の焼ならしの熱履歴

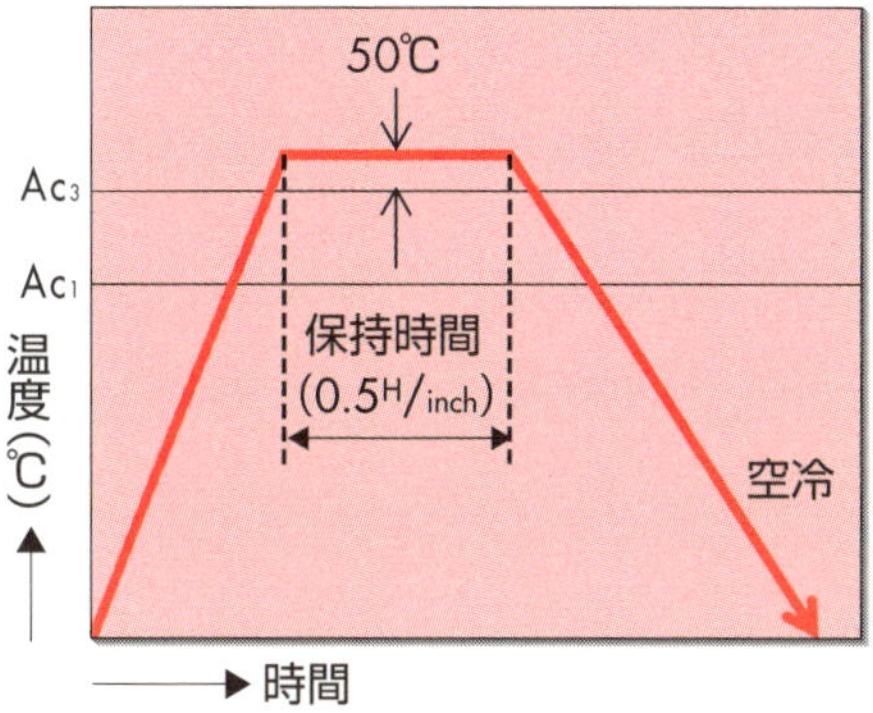

焼ならしは、完全焼なましと比べて冷却速度が速い。

噴霧冷却による焼ならし

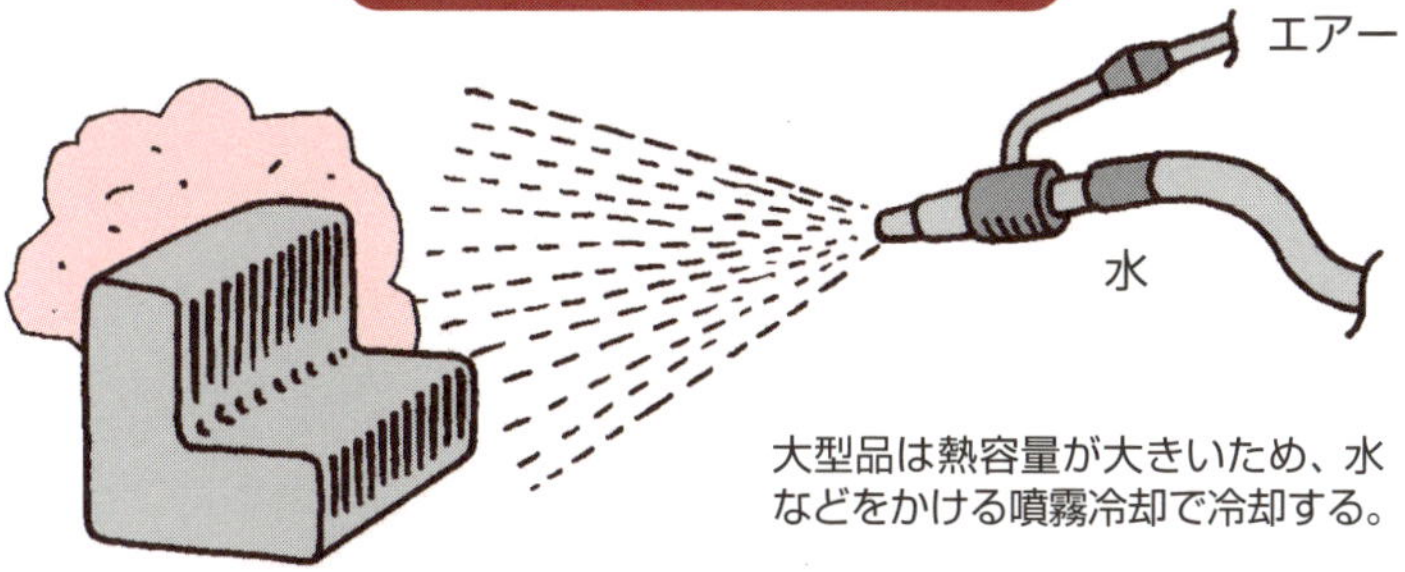

大型品は熱容量が大きいため、水などをかける噴霧冷却で冷却する。

大型重量品の一端水冷引上げによる焼ならし

大型重量品は噴霧冷却でも限界があるため、大型水槽に全体を浸けて冷却させる一端水冷引上げという方法を行う。

24 焼入れ

急冷することで組織が変わる

焼入れは生活の中で「焼きを入れてやる」と使われるように、ある状態を急激に変化させる方法と言ってよいでしょう。

焼入れは鋼を高温に加熱してオーステナイト組織にしたあと急冷します。本来、オーステナイト組織から徐々に冷却すると焼なましと同じように、室温ではフェライトとパーライト組織になります。しかし、急冷したときには、平衡状態図に示される組織になる時間的なゆとりがなくなり、状態図にまったく示されることがない組織になります。これがマルテンサイト組織です。

実際の焼入れは亜共析鋼がAc_3点直上、過共析鋼ではAc_1点直上それぞれ30℃から50℃まで加熱し、一定時間保持したあと加熱炉から取り出して急冷します。

急冷する速度はマルテンサイトに変わる効果（変態）に影響を与えます。図には試験結果から、冷却速度によってマルテンサイトに変態する限界を組織の量で示します。難しい言葉で表現すると、その速度が上部臨界冷却速度と言い、完全にマルテンサイトになるための限界です。この速度より遅くなると一部はマルテンサイトに変わりますが、ほかにトルースタイトというが組織が出現します。トルースタイトは前出のソルバイト、すなわちパーライトと同じ組織で、ソルバイトよりさらに微細で硬い組織です。

冷却速度がもっと遅くなればマルテンサイトは生じません。トルースタイト組織も出現せず、すべてパーライトになります。状態図に示される組織と類似してきます。この境界の速度は下部臨界冷却速度と言います。これらの速度はすべての鋼にとって同じではなく、鋼種あるいは焼入れの条件によって上下します。

マルテンサイトは非常に硬い組織で、耐摩耗材、切削具、強度部材などとして使用される鋼に焼入れして生成します。

要点BOX

●焼入れは鋼を高温に加熱してオーステナイト組織にしたあと急冷して、非常に硬いマルテンサイト組織に変える

鋼の焼入れの熱履歴

亜共析鋼

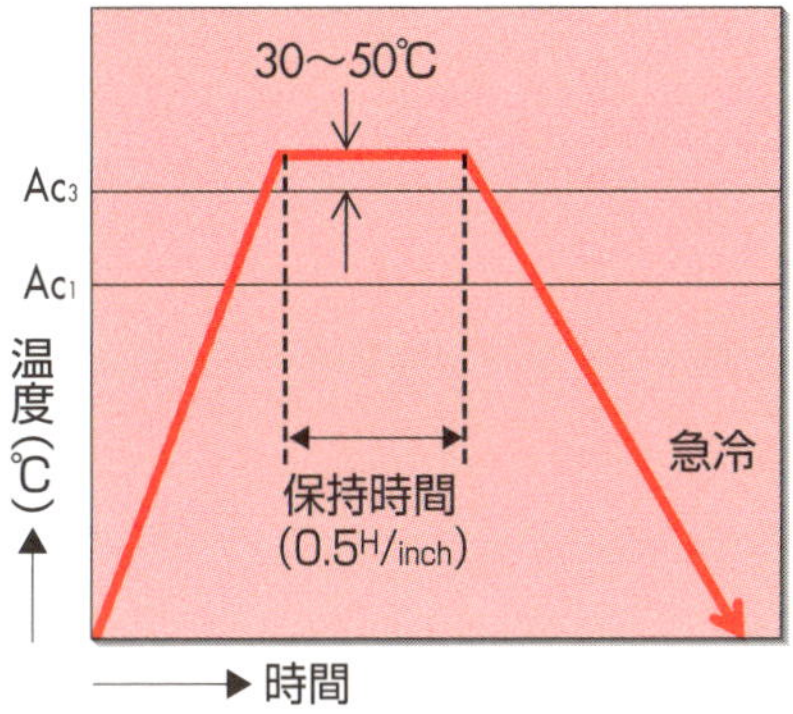

過共析鋼

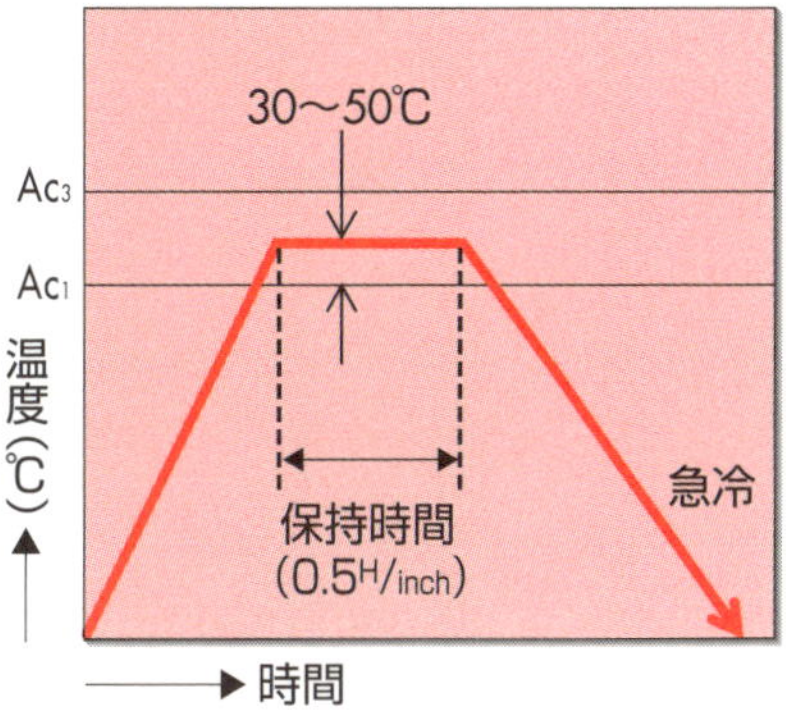

マルテンサイトの組織

焼入れを行い硬いマルテンサイト組織にする。0.85%C鋼（SK5）のマルテンサイト組織（5%ナイタール液腐食）。

冷却速度と組織モデル

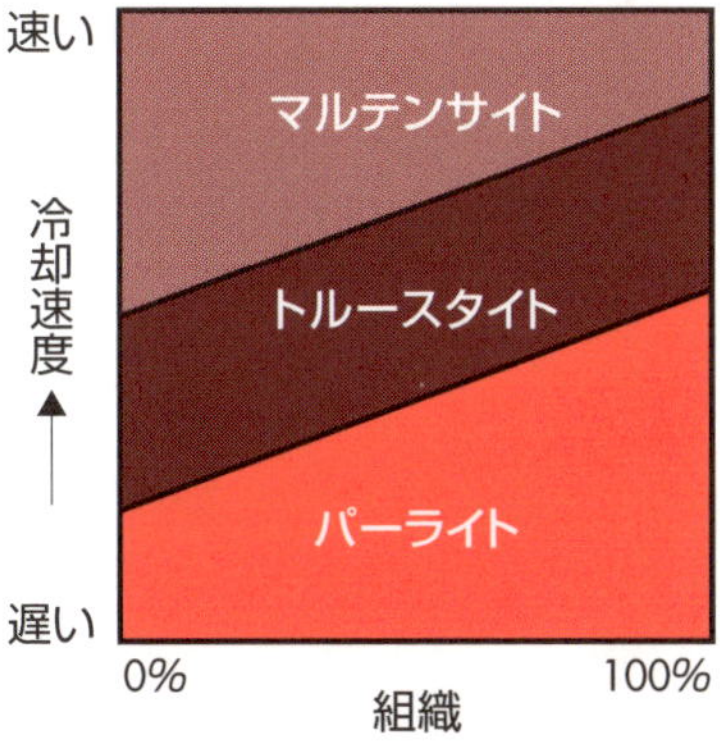

25 焼入れ用冷却剤

急激に冷やすには冷却剤が必要

焼入れの際に使用する冷却剤には、さまざまな種類があります。最も安価ですぐ利用できる冷却剤は水で、手軽に利用でき冷却効果も優れています。しかし、水を利用する場合でもその状態が重要です。

まず適正な水温は15℃です。必ずしも0℃である必要はありません。焼入れ時には15℃前後でよいのですが、水槽に短時間の内に何回も連続して焼入れすると、温度が上昇します。その場合は、水の冷却装置を併設するか、新たな水を入れなければなりません。

次は水の状態です。水に石鹸のような泡沫剤が混入していると、焼入れ対象物の表面が冷却されにくくなります。表面に一種のフイルムができて冷却を妨げるからです。そのほかに何らかの溶質が固溶している場合も冷却効果が得られにくくなります。水の冷却で塩(溶質)を添加固溶すると、優れた冷却効果を示します。しかし、この手段を行ったあと焼入品が発錆するので、後工程に不都合が生じます。

焼入対象物を投入したあと、冷却温度の時経変化を観測する手法があります。Ni球を焼入品と想定して、中心部に熱電対を挿入して焼入温度まで加熱保持したあと、試験する冷却剤に投入します。温度は時間経過に従って降下します。効果の様態は冷却剤の種類に応じてさまざまです。冷却の途中における焼入品とその周囲の状況は、図のような種々の現象が出てきます。

その他の冷却剤は液状の油脂です。大きく分けて鉱物油と植物油に分類できます。前者は石油から製造され、安価で目的に応じた品目が多種開発されて使用も多量です。水に可溶性の溶剤を混合して冷却剤にしたものもあります。

植物油の代表は菜種油(白絞油)です。性状や冷却効果が優れていますが、生産量に限界があり高価です。ほかには、ひまし油が使われます。先の戦争中には冷却剤が不足したため、その代替剤に海藻を利用したこともありました。

要点BOX

- ●水は最も安価ですぐ利用できる冷却剤
- ●冷却剤として使われる油は、大きく分けて鉱物油と植物油がある

Ni球の焼入冷却曲線

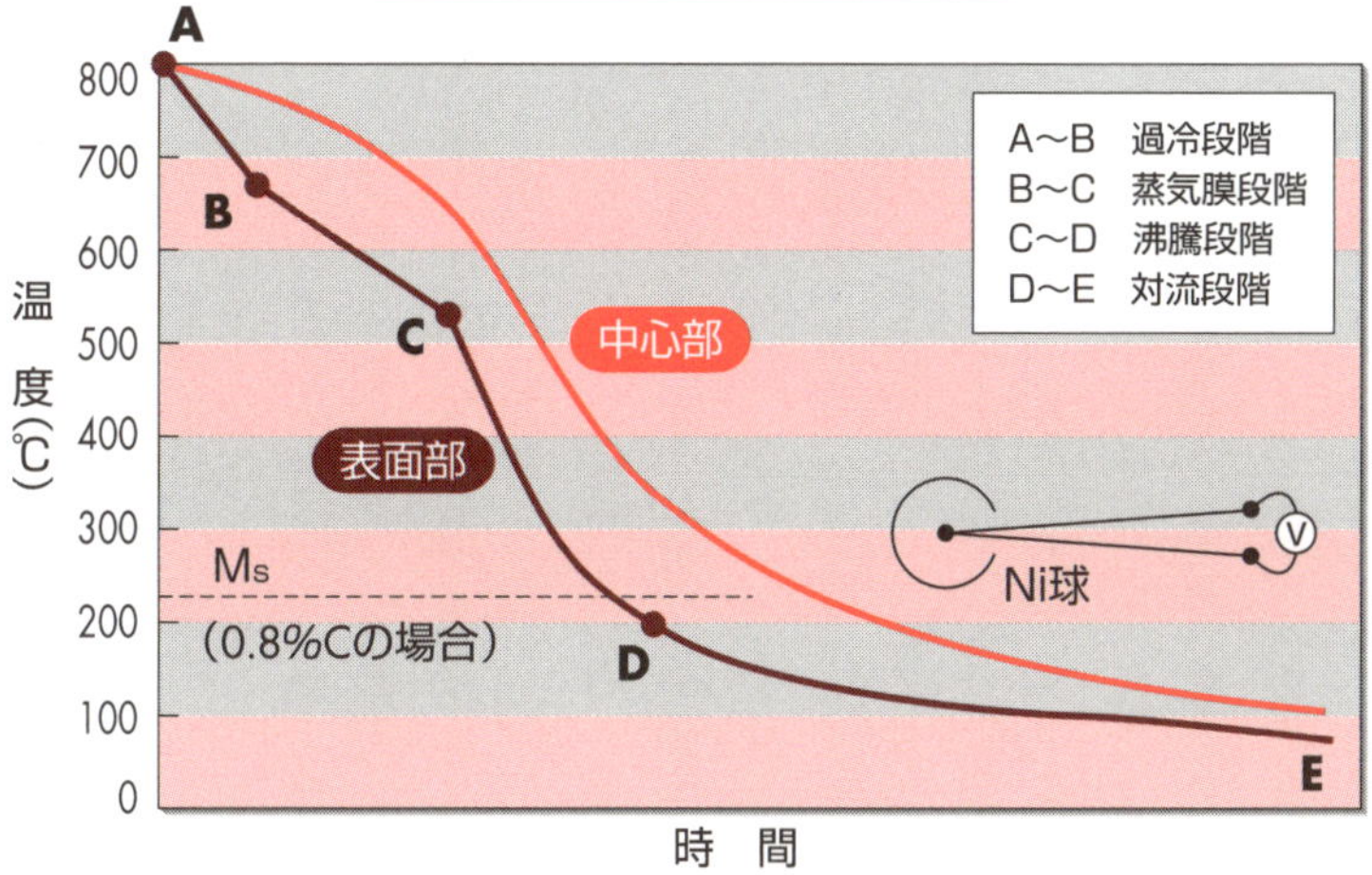

注）M_s点以下で生じるマルテンサイト変態は徐々に進行する方が望ましい。破線は例として0.8%C鋼のM_s点を示す。

出典：「おもしろ金属材料入門」坂本卓、日刊工業新聞社、2000年

冷却剤の種類による冷却曲線の変化

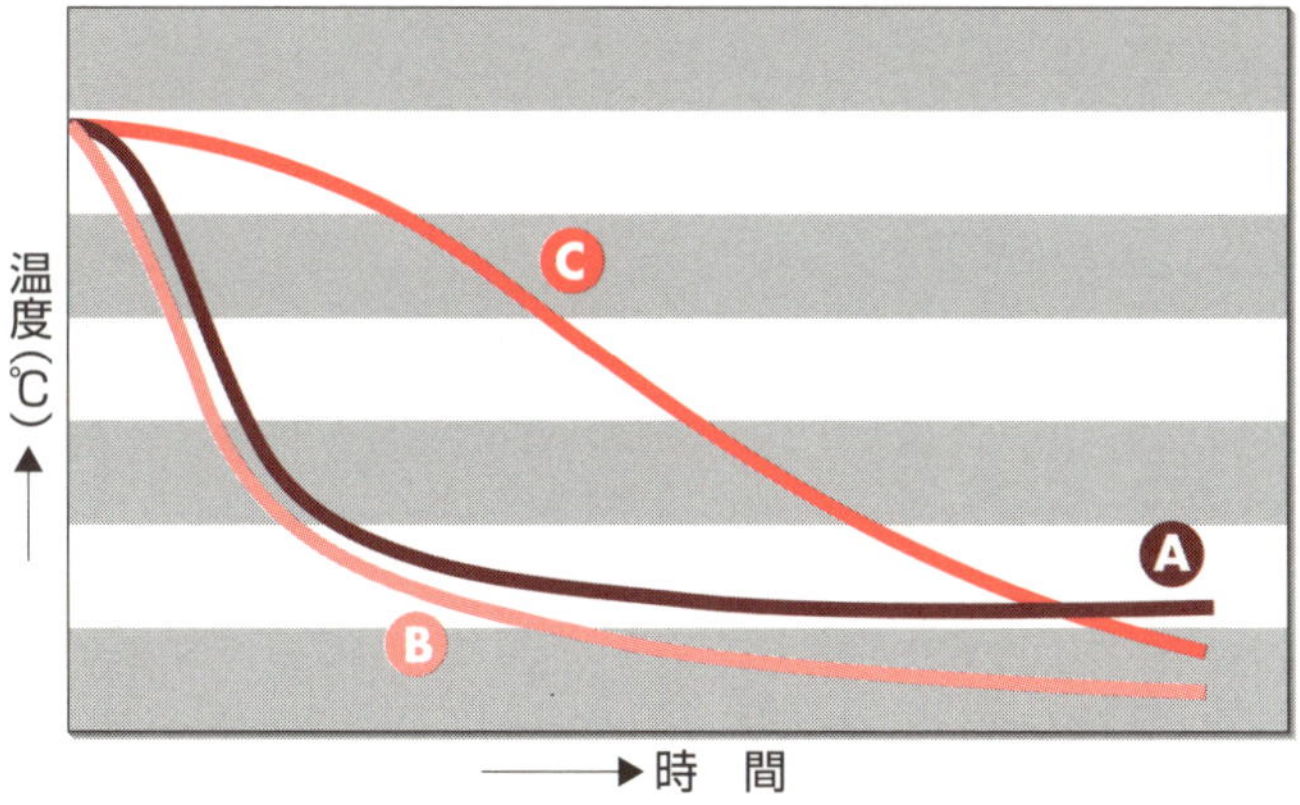

A：焼入直後に急激に温度降下し、そのあと徐々に冷える。（良）

B：Aと類似の冷却曲線を示すが時間経過時の低温部がやや早く冷える。水の場合。（良、もしくはやや良）

C：焼入直後の温度降下が遅く時間経過に従って早くなる（不良）

26 残留オーステナイトとMs点

完全にマルテンサイト組織に変態させる

焼入れは組織がオーステナイトから急冷されてマルテンサイトに変態します。しかし、冷却速度が遅くなればマルテンサイト以外にソルバイトやトルースタイトが生じることを前述しました。

焼入れではオーステナイトがすべてマルテンサイトになることが有効です。しかし種々の要因でオーステナイトがマルテンサイトに変態しないでそのまま残ってしまうことがあります。本来オーステナイトはFe-C状態図からもわかるように常温では存在しません。あり得ないオーステナイト組織が焼入れの際に残るわけです。これを残留オーステナイトと言います。

焼入れは常温までできるだけ早く冷却する必要はありません。冷却過程をみると、加熱温度から焼入れによって冷却され、降下するある温度範囲までに急冷すればソルバイトやトルースタイトが生じなくなり、そのあとマルテンサイトは決まった温度から変態し始めるのです。この決まった温度をMs点と言います。

鋼はC濃度によってMs点が変化し、C濃度が高くなればMs点が降下します。降下するということはマルテンサイトに変態し始める温度が低いということです。

オーステナイトがすべてマルテンサイトに変態する温度をMf点と言い、マルテンサイト変態が終了する温度です。すなわちマルテンサイト変態はMs点とMf点間の温度で生じます。オーステナイトからマルテンサイトに変態する速度あるいは量は、この温度間の冷却速度に影響されず降下する温度によって決まります。よってマルテンサイト変態はこの現象から温度依存性があると言っています。Mf点はMs点と同様な傾向でC濃度が多くなるに従って直線的に低くなります。

Ms点とMf点は鋼中の成分量から計算して求めることができます。C濃度が高い鋼を焼入れした際には常温でマルテンサイト変態が完了していないので、焼入れ直後にさらに0℃以下に温度降下しなければなりません。この処理が「サブゼロ処理（深冷処理）」です。

要点BOX

●残留オーステナイトとはオーステナイト組織が焼入れの際に残ること

●マルテンサイト変態はMs-Mf点間で生じる

Fe-C状態図とMs、Mf点

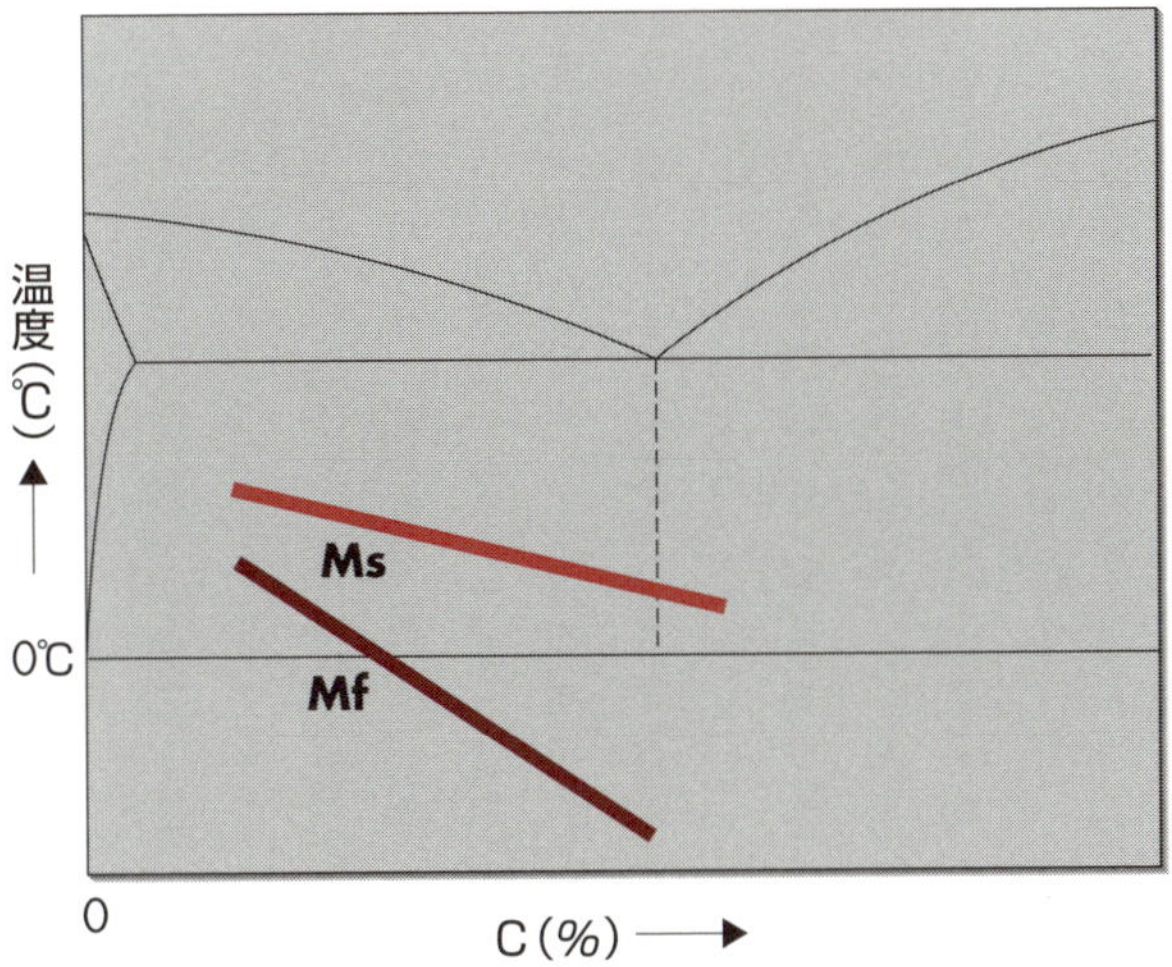

Ms点からマルテンサイトが発生する温度。
Mf点はオーステナイトがすべてマルテンサイトに変態する温度。
各合金元素の割合からMs点を計算できる(各元素の数値は実験による経験値)。

Ms(℃)=550−(350C+40Mn+17Ni+20Cr+10Mo+5W+35V+10Cu)+15Co+30Al

※各合金元素の添加(%)を代入

サブゼロ処理

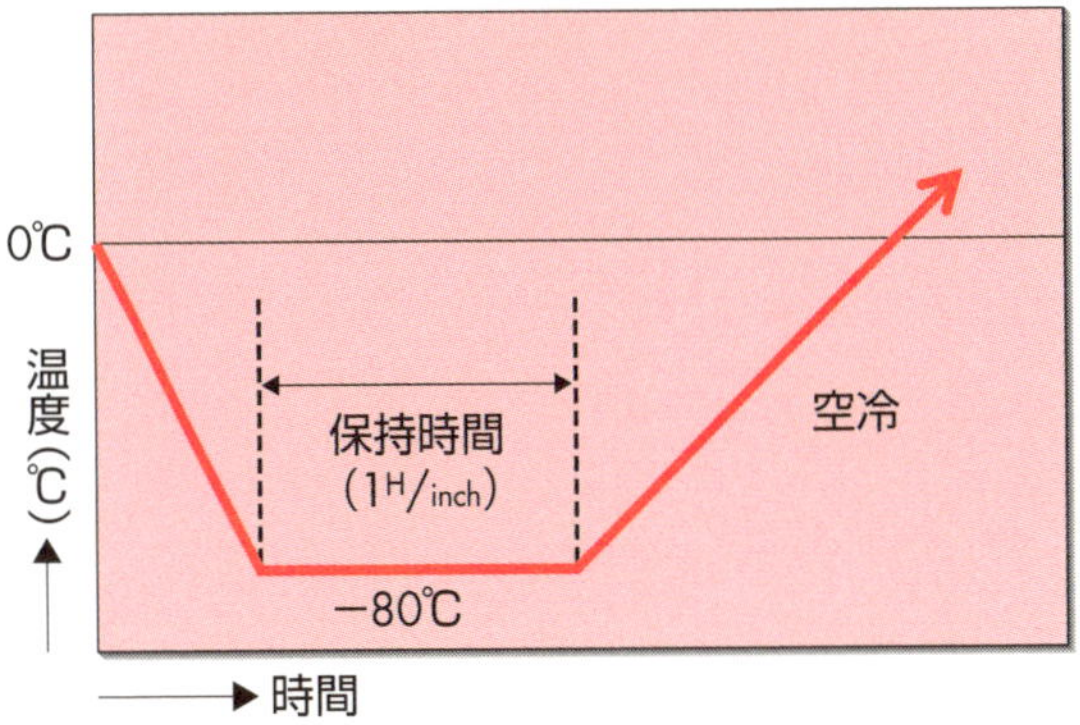

サブゼロ処理は焼入れ直後に0℃以下に温度を下げる処理。

27 硬さの測定を行う

どれくらい硬いのかを確認する

焼入れなどによって、硬い鋼ができます。その硬さの測定にはいろいろな方法があります。

測定具を使用しない簡便な方法には、工具のヤスリを使う方法があります。硬さを間接的に知るために、ヤスリは硬さを段階的に分けています。測定対象物にヤスリをかけて傷がつけば、ヤスリの硬さより軟らかいことになります。この方法を採用すれば基準の硬さ試験片を作ることもできます。

また、ヌープの硬さ計というものがあります。これは基準の硬さを有する数種の鉱石が定められ、傷のつき方を比較しながら硬さを間接的に知るものです。

実用されている代表的な硬さ測定器には、次のようなものがあります。

①ロックウェル硬さ計　②ブリネル硬さ計
③ビッカース硬さ計　④ショア硬さ計

これらの硬さ計はそれぞれ特徴があります。①は対象物に鋼球で荷重をかけます。対象物は局部的に塑性変形しますが、その抵抗を計器で読み取ります。

②は同じように対象物に鋼球で圧力をかけます。すると同様に塑性変形して丸いくぼみができます。この直径を測り硬さに換算する方法です。くぼみの直径が大きいほど軟らかいということになります。

③は正菱形のダイヤモンドの圧子で対象物に圧力をかけると菱形の傷がつきます。菱形の対角の長さを計測して硬さに換算します。

④は最も簡便に使用する計器です。計器を対象物に垂直に立て、内蔵のロックされているハンマーを落とすと反発します。ハンマーの反発する量が計器に表され、その大きさが硬さになります。

熱処理工場ではこれらの計器を整備していますが、硬さ測定は対象物の大きさ、重量、測定個所などに限界があります。また内部の測定は破壊しなければならないので、試験を繰り返してデータを積み上げることが肝要です。

要点BOX
●実用されている代表的な硬さ測定器は、ロックウェル硬さ計、ブリネル硬さ計、ビッカース硬さ計、ショア硬さ計の4つ

ロックウェル硬さ計

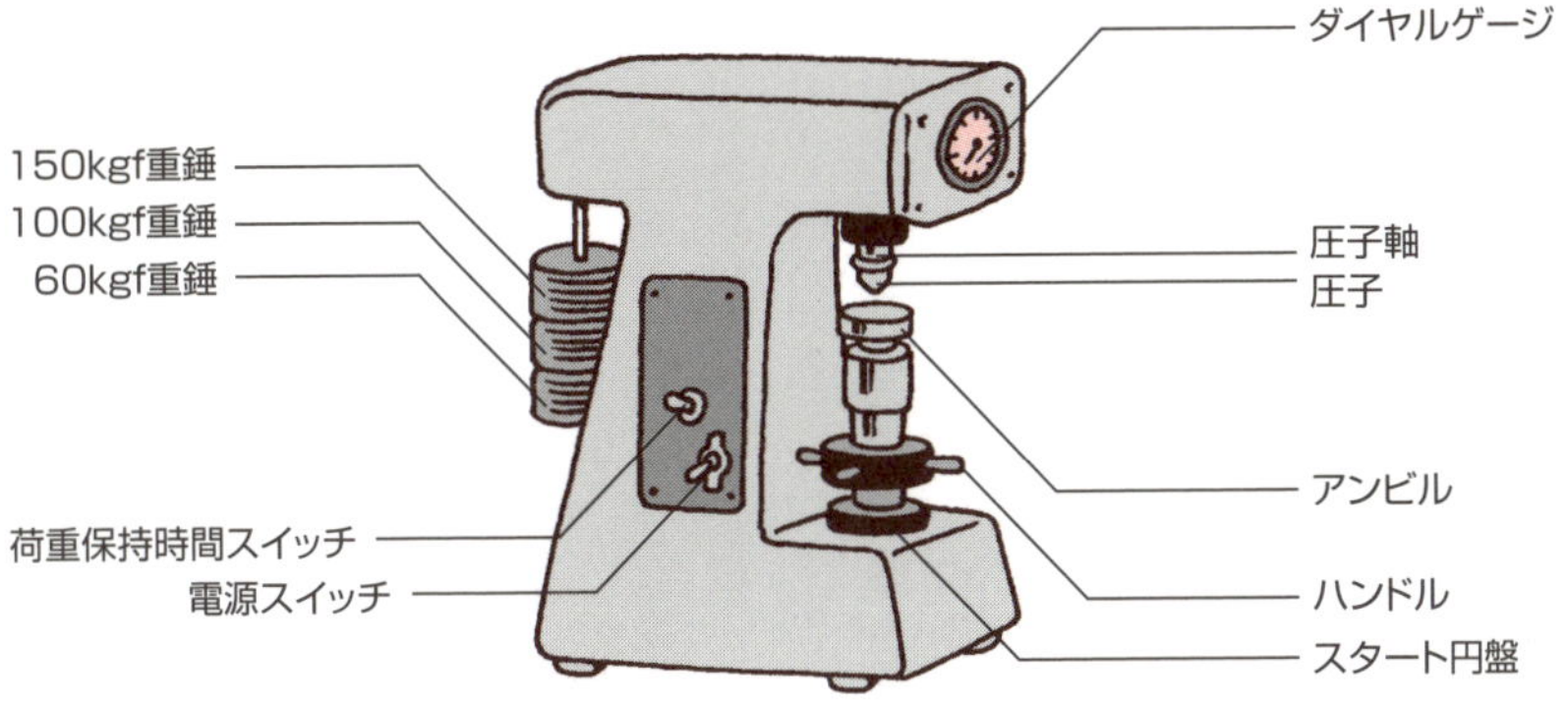

ブリネル硬さ（Hs）測定法

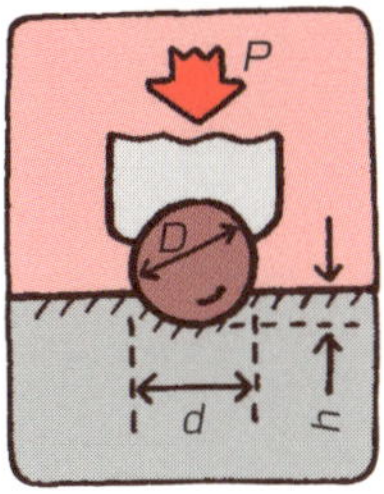

$$Ha=\frac{P}{\pi Dh}\times 0.102=\frac{2P}{\pi D(D-\sqrt{D^2-d^2})}\times 0.102$$

$$=\left\{\frac{2P}{\pi D(D-\sqrt{D^2-d^2})}\ \mathrm{kgf/mm^2}\right\}$$

ビッカース硬さ（Hv）測定法

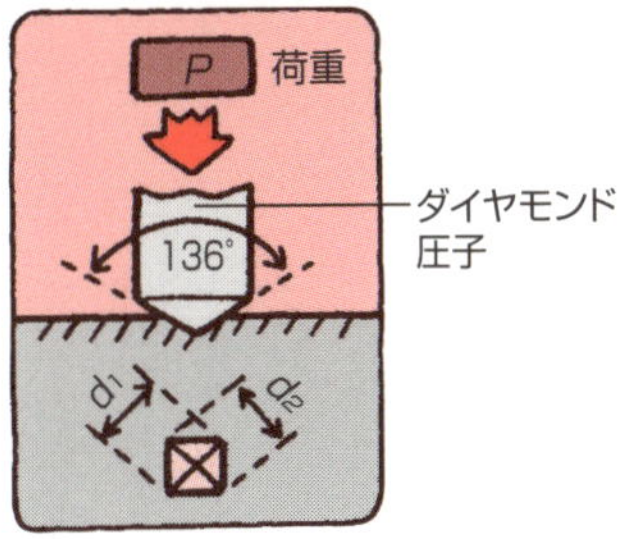

対面角136のダイヤモンド圧子を
使用した場合（$d_1=d_2=d$）

$$Hv=2\sin 68^\circ (P/d^2)\times 0.102=0.189(P/d^2)$$

$$=\{1.854(P/d^2)\quad (\mathrm{kgf/mm^2})\}$$

ショア硬さ計

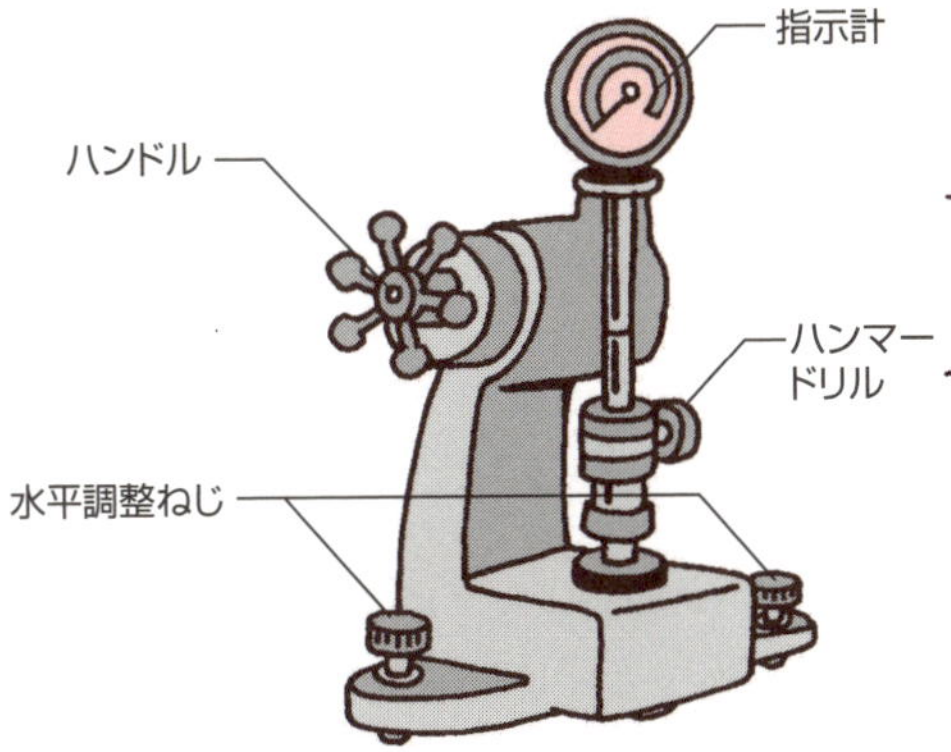

（a）試験機各部の名称

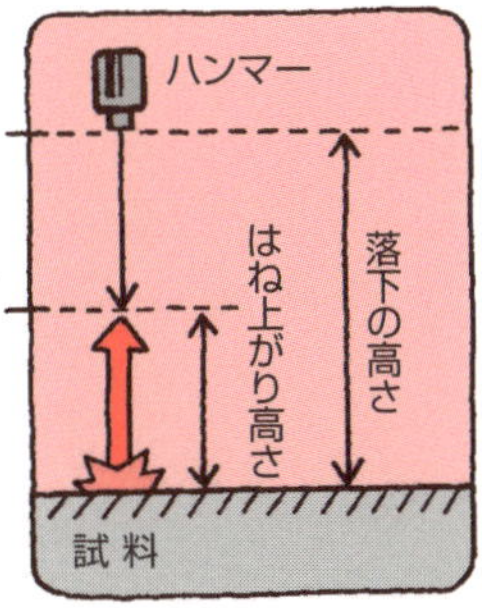

（b）測定法

28 焼入性の定義

焼入性が大きいと利点が多い

焼入れすると表面の硬さは高くなります。しかし焼入れすれば、どんな対象物でも硬さが同じになるわけではありません。

焼入れ後の表面硬さは対象物の質量（マスと言う）の大小によって差異が生じます。質量が大きい対象物は小さいものより硬さが低くなります。

焼入れ対象物の表面面積の差異も表面硬さに影響します。同じ質量など条件が同じときに、表面の面積を変えて焼入れすると広い面積を持つ対象物の方が表面硬さが高くなります。表面の面積が広ければ冷却の過程で良い影響を与えるからです。

次に対象物内部への焼入硬さはどうなのでしょうか。

機械や装置、構造物などの材料に焼入れをして硬さを付加する目的は、強度や耐摩耗など種々の特性を得るためですが、表面硬さだけ高くなっても効果が少なくなります。すなわち内部の硬さは表面硬さと同じように深くまで高い硬さがあることが望ましいのです。

焼入れしたとき表面の硬さが高いだけでなく、内部のできるだけ深いところまで高い硬さを持つことが重要です。このことが焼入性という定義です。内部まで硬さが深いときに焼入性が大きいと言います。全体的に硬さが低位であっても、内部まで深く焼入れの効果が認められるときも焼入性が大きいことになります。

焼入性は鋼の特質によって変わります。焼入性が大きくなる条件には、次の3つがあります。

①C濃度が高いとき
③鋼の結晶粒が大きいとき
③鋼に含まれる合金元素の種類とその量が多いとき

また前述した質量（マス）が大きくなるほど焼入性は落ちてきます。このことを質量効果といいます。

鋼の開発は焼入性を大きくする歴史であると言っても過言ではありません。焼入性が大きい鋼は機械や装置、構造物に焼入れして使用するとき、質量を小さくすることができるためです。

要点BOX

●表面硬さは対象物の質量や面積によって違う
●焼入性とは対象物内部における硬さの深さをいう

硬さの分布例①

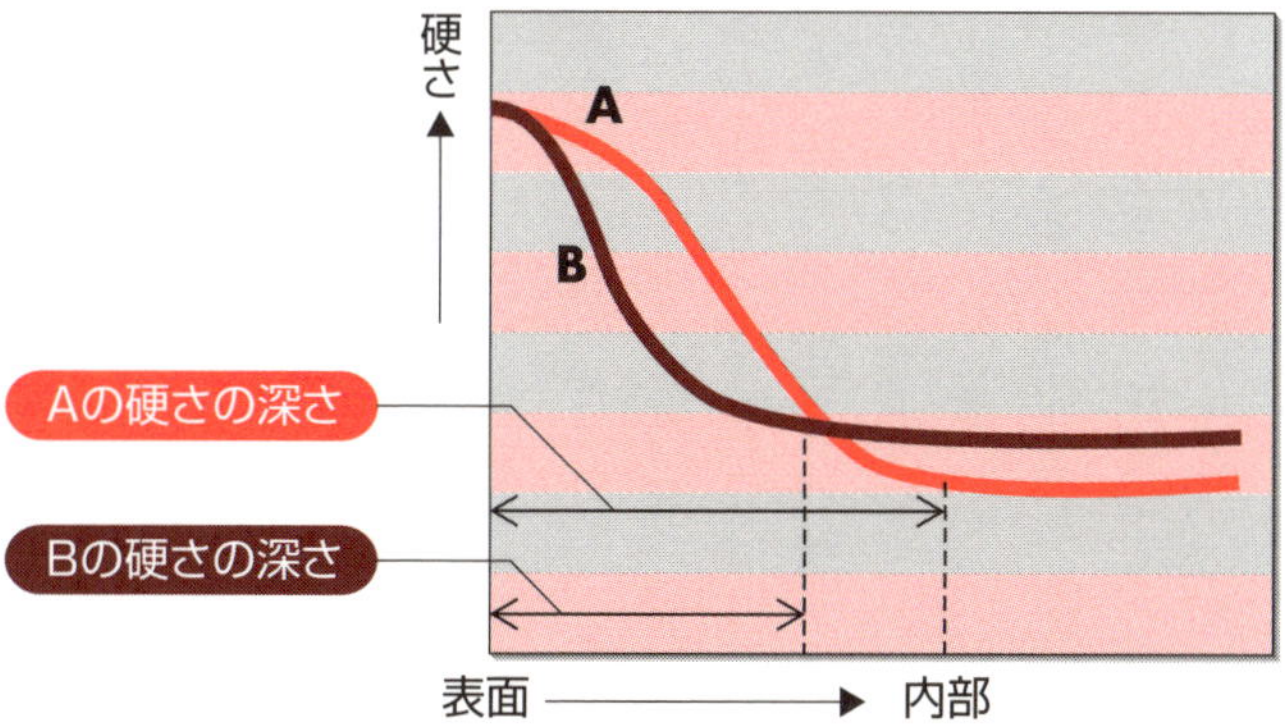

AとBの表面硬さは同じであるが内部への硬さはAがBより深い。すなわちAがBより焼入性が大きい。

硬さの分布例②

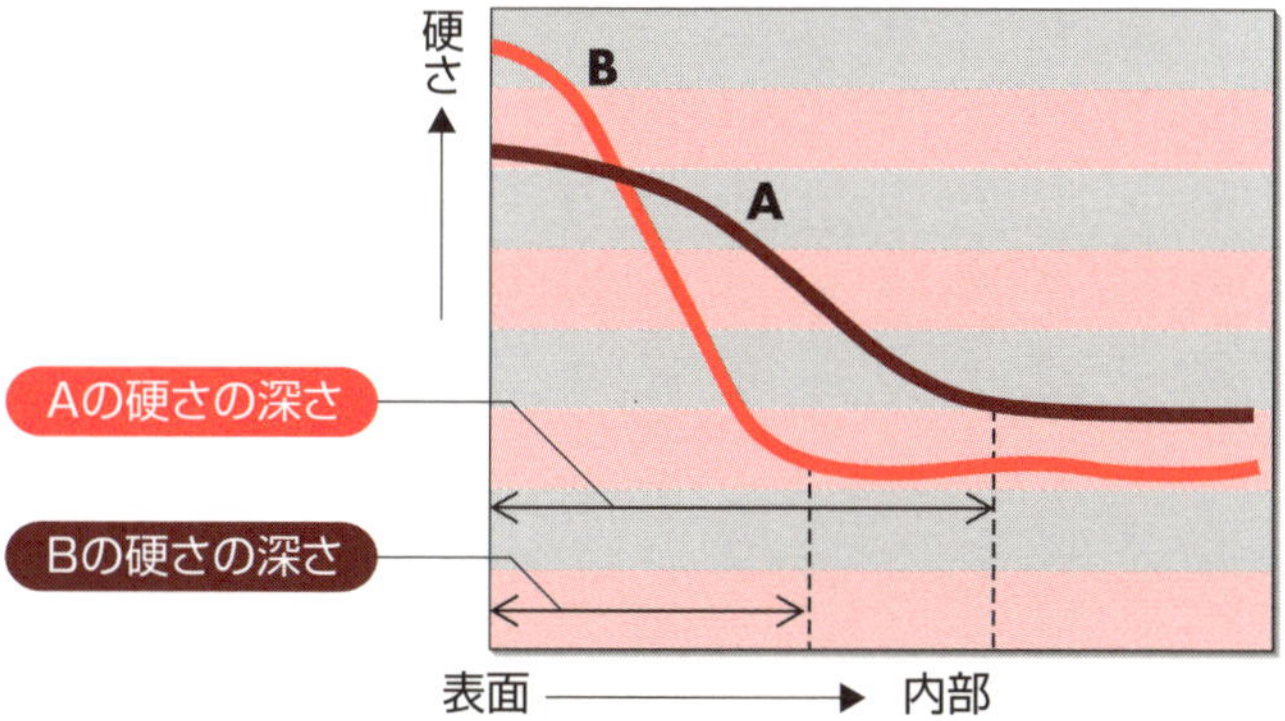

AはBよりも表面硬さが低いが内部への硬さは深い。

29 焼入性の評価

対象物の焼入性を測定する

焼入性を観測するためには、焼入れしたあと対象物内部の硬さを測定する必要があります。これは、対象物を破壊しなければできません。

破壊して硬さ測定をする方法には、試験片の形状が数種の直径をもつ丸鋼を使います。それを焼入れしたあと、長手方向の中央部から切断した円形断面を表面から中心に向かって測定します。このとき試験片の長さは直径の2倍以上が必要です。

さまざまな直径の丸鋼があり、大きさの順に中心を揃えて硬さの図を表し、断面硬さの結果を比較して焼入性を評価することができます。この方法は対象物を破壊するので、データの蓄積だけが目的です。

試験片がシンプルで確実に焼入性を評価でき、実用的に多用されている方法がジョミニ試験法（一端焼入法）です。

ジョミニ試験法で使用する鋼は直径が1インチ、長さが4インチの丸棒に機械加工し、一方の端面に直径よりわずかに大きい鍔《つば》部《ぶ》を設けます。この試験片を加熱したあと、加熱炉から取り出して鍔部を上にして吊り下げ、真下から水道水で下端部を冷却します。水の噴出力は端面だけに当たって下に落ちる程度にします。時間とともに下部から冷えていき完全に冷却されます。

このようにして冷却した試験片の側面（胴部）の長さ方向をロックウェル硬さ計で測定し、グラフの横軸を長さ、縦軸を硬さにして表すことができます。このようにして、焼入れした端面部から長さ方向に硬さの分布を観測し、焼入性を評価することができます。つまり硬さの低下が小さければ焼入性が大きいわけです。

図で表された曲線はジョミニ曲線と言い、鋼種によって決まります。ただ同じ鋼でも成分の違いがわずかにあるため、曲線は一定ではなくある幅を持ってバラツキが出ます。この幅をジョミニバンドといい、この曲線の範囲内の鋼を、メーカーがH鋼として硬さや深さを保証し販売しています。

要点BOX

- ●焼入性の評価には試験片を破壊して測定する
- ●焼入性の評価にはジョミニ試験法（一端焼入法）が多用されている

一端焼入法（ジョミニ試験法）

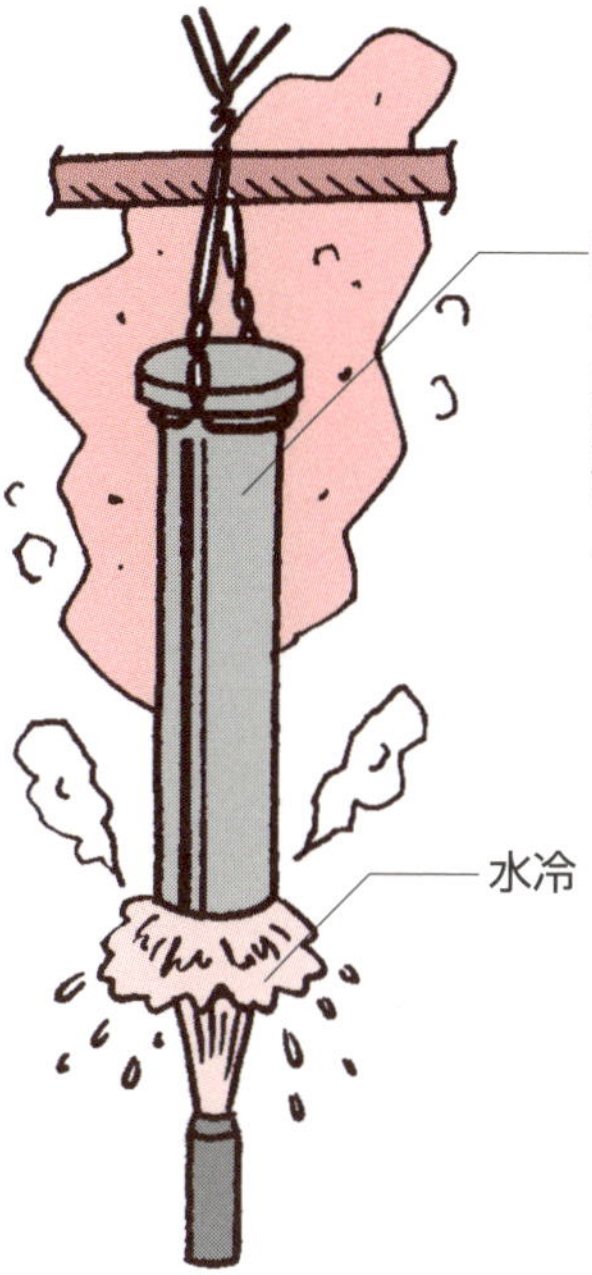

試験片

一般の焼入れ試験では試験片は焼入れした丸鋼で長さは直径の2培以上。ジョミニ試験法では直径1インチ、長さ4インチ。

試験片の側面（胴部）を長さ方向にロックウェル硬さ計で測定。

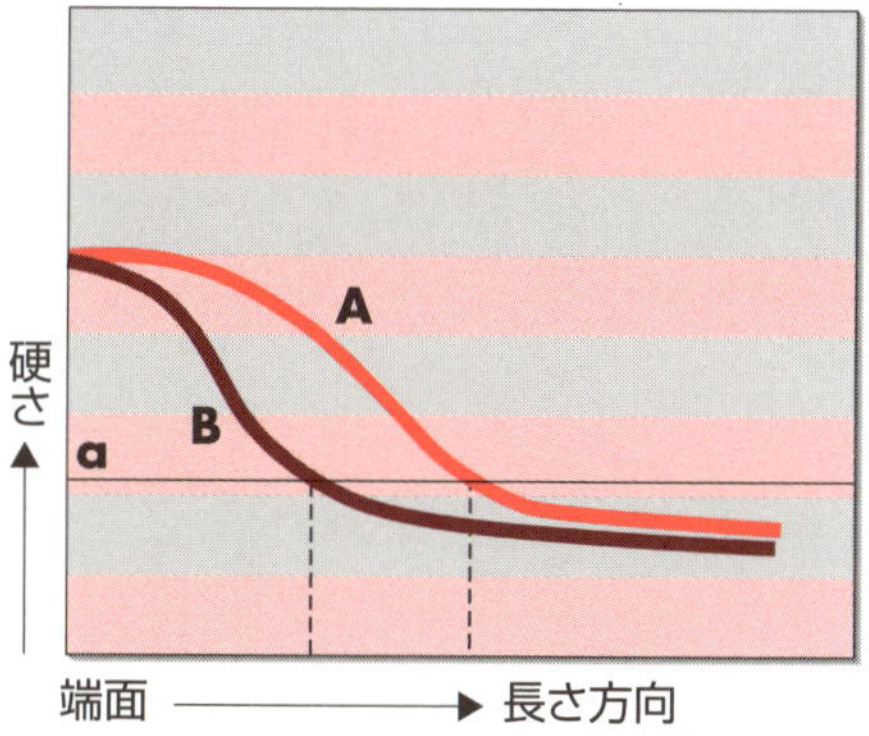

あるある硬さaレベルを比較するとBよりAが深く焼きが入っている。すなわち焼入性が大きい。

H鋼のジョミニ曲線

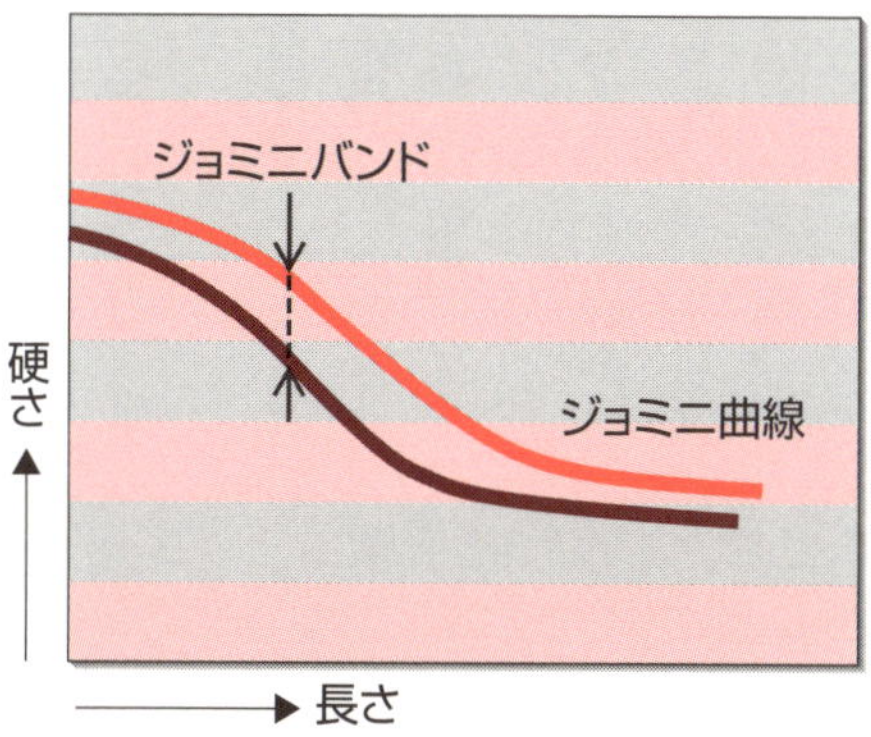

同じ鋼でもわずかな成分の違いがあり、ジョミニ曲線でも一定の線ではなくある幅を持ってバラツキが出る。

30 合金鋼と焼入性

鋼に含有される元素によってさまざまな特性を発揮

鋼を成分で分類すると炭素鋼と合金鋼があります。炭素鋼はFeのほかに、C、Si（シリコン、珪素）、Mn（マンガン）、P（リン）、S（硫黄）を含有しています。そのほかに微量元素やガスなど不純物が含まれています。上記した鋼に含まれる代表的な元素を鉄の5元素と言います。炭素鋼はC濃度によってその特性が大きく変化し、C濃度により低炭素鋼（約0・25%以下）、中炭素鋼（0・25%から0・5%程度）、高炭素鋼（0・5%以上）に分類しています。

炭素鋼はC濃度によって適切な熱処理が必要です。低炭素鋼には焼ならしを行い、中炭素鋼以上には焼入れを行います。炭素鋼は焼入性が小さいため、質量が大きくなると効果が小さくなります。このことを質量効果があると言います。

そこで焼入性が大きく質量効果が小さい鋼の開発が行われてきました。それが合金鋼で、炭素鋼の成分に加えて合金元素が添加されていると考えてよいでしょう。合金元素はたとえばNi（ニッケル）、Cr（クロム）、Mn（5元素の1つだが多量になると合金元素として扱う）、Mo（モリブデン）などです。

JISに規定されて実用的に使用量が多い合金鋼は、Cr鋼、Cr-Mo鋼、Ni-Cr-Mo鋼、Mn鋼、Mn-Cr鋼などで、合金元素が複数で含有し、炭素鋼より価格が高くなります。

合金鋼は焼入性が大きくなりますが、合金元素の種類と含有量によって効果に差異があります。焼入性を計算する1つの手法にその影響度を与える焼入性倍数（実験式としての係数）が決められています。しかし、その係数が大きくなる合金元素だけを使うことは鋼のほかの性質から制限を受けます。それらの研究と実用上の問題を除いて、現在の鋼が開発されているのです。

焼入性が大きい合金鋼は質量が大きくなっても内部まで焼きが入るので、大型製品や強靭な仕様が要求される部分に使われます。

要点BOX

- C、Si、Mn、P、Sが鋼の5元素
- 合金鋼は焼入性が大きく質量効果が小さい鋼で、強靭な仕様にも応える

炭素鋼と合金鋼の一端焼入法による硬さ比較のモデル

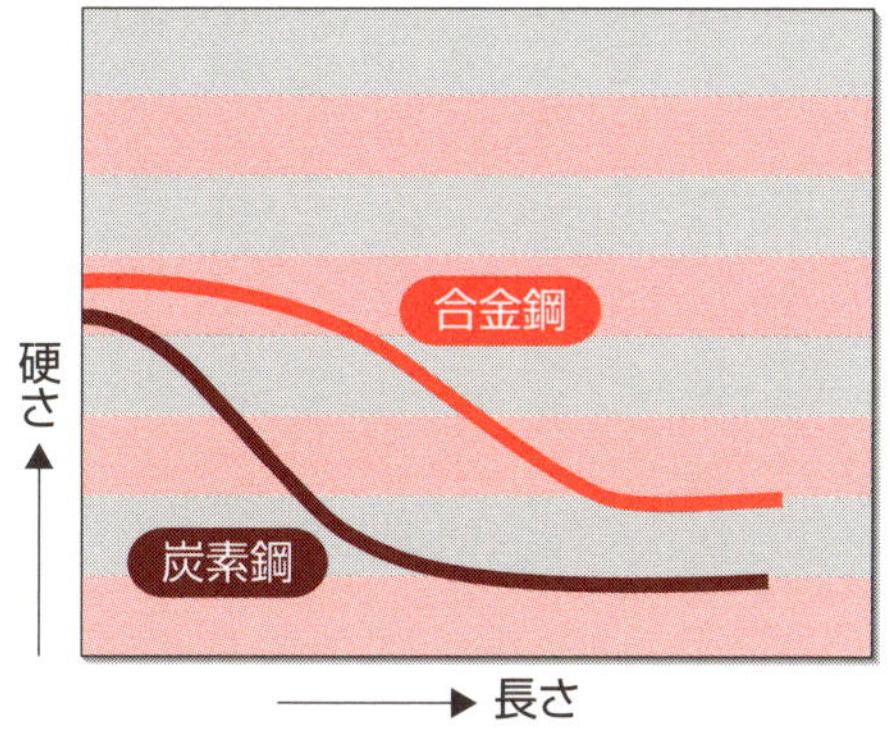

Ni、Cr、Mn、Moなどの合金元素を添加することにより硬さが高くなる。

炭素鋼	合金鋼
低炭素鋼	焼入性の順位傾向
	Mn鋼
	Cr鋼
中炭素鋼	
	Cr-Mn鋼
	Cr-Mo鋼
高炭素鋼	大 Ni-Cr-Mo鋼

各合金元素の焼入性倍数

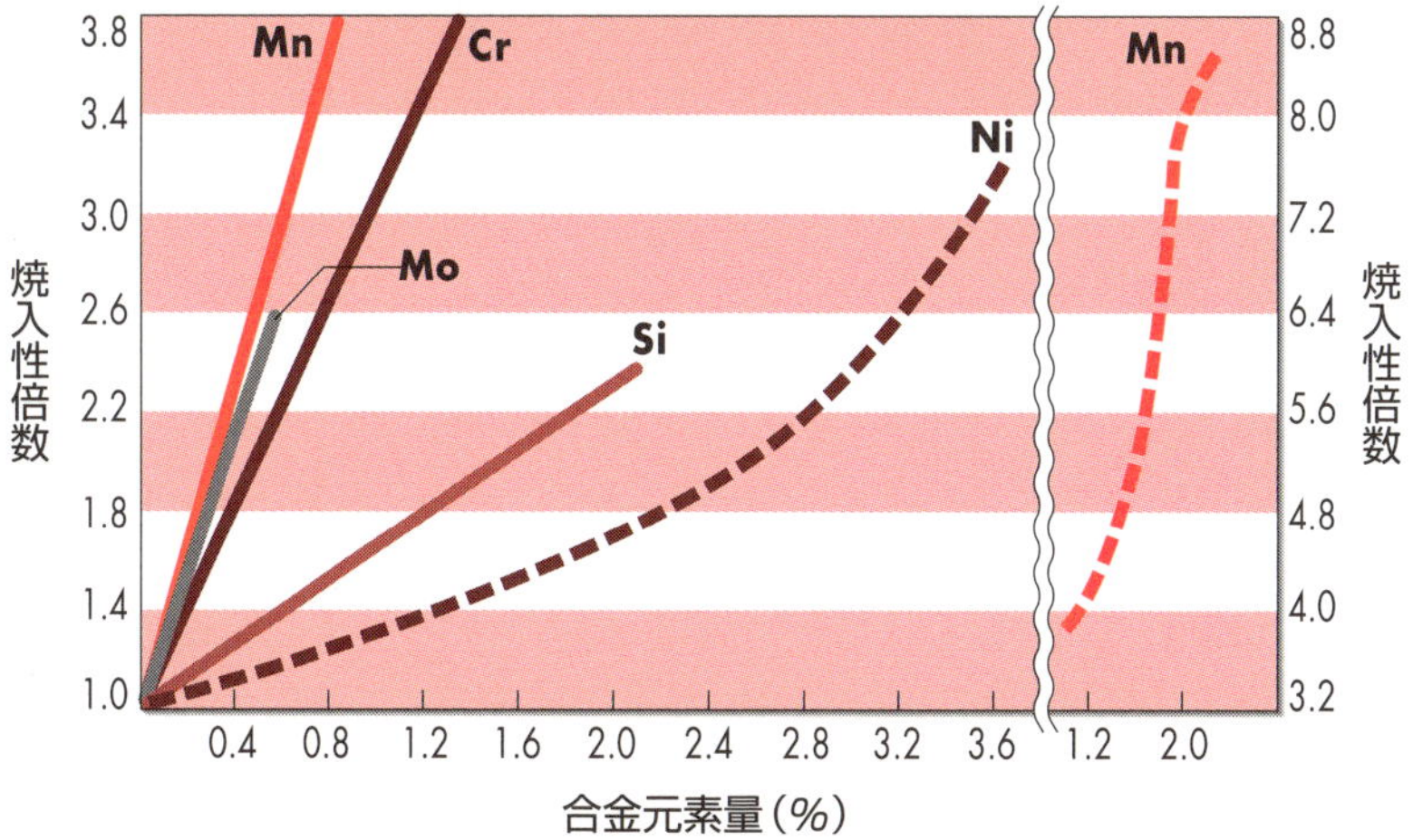

31 体積変化と変寸および変形

鋼は熱によって、やっかいな変寸や変形を起こす

鋼がオーステナイトから冷却する過程を熱膨張計で計測すると変態を知ることができます。

左図は熱膨張曲線の変化を示します。図中の記号Ac_1はFe-C状態図の中の変態点723℃で、付加した記号cは加熱時の温度、rは冷却時の温度を示します。本来、平衡状態では同じ温度になるはずですが加熱冷却の速度が変化すると差異が生じます。ⓐは徐冷の場合で、変態はAc_1点付近で生じています。ⓑは空冷で冷却した場合で、Ar_1は低温側に移動しています。

ⓒは油中で冷却した場合で、変態Ar'が500℃から400℃の間で起こっていますが、冷却が完了しないまま、200℃以下で膨張する変態Ar''を示しています。Ar'変態はトルースタイト組織、Ar''はマルテンサイト変態を示します。すなわちAr''変態では長さが膨張していきます。ⓓは水中冷却の場合で、急冷したときはAr''変態だけが生じてマルテンサイト組織のみになります。

このようにAr''変態は長さの膨張をともなうので、オーステナイトからマルテンサイトに変態したときには、体積が増加することになります。

焼入れの際はこのように体積膨張をともなうため、製品の寸法変化（変寸）があります。焼入後に変寸は拡大します。変寸すると焼入後に精密な寸法を確保できなくなるので、前もって変寸量を見越した寸法に加工しておくことが要求されますが、熱処理ではそこまで緻密な再現性がありません。焼入れではわずかな温度の差異、対象物の材質的な偏析、形状による要因などがあり、しかも残留オーステナイトの出現によっても寸法が変わります。しかし、データを蓄積してある傾向値を求めることはできそうです。

マルテンサイト変態では変寸より変形が頭痛の種です。変形は曲がり、反り、捻《ねじ》れ、部分的な膨張と収縮などで歪みとも言われます。このような変形が生じると焼入れ後に修正のための加工が必要になります。

要点BOX

- 焼入れでは体積膨張のため鋼の寸法変化がある
- マルテンサイト変態では曲がり、反り、捻れ、歪みなどの変形が起きやすい

共析炭素鋼の冷却の遅速による熱膨張曲線の変化

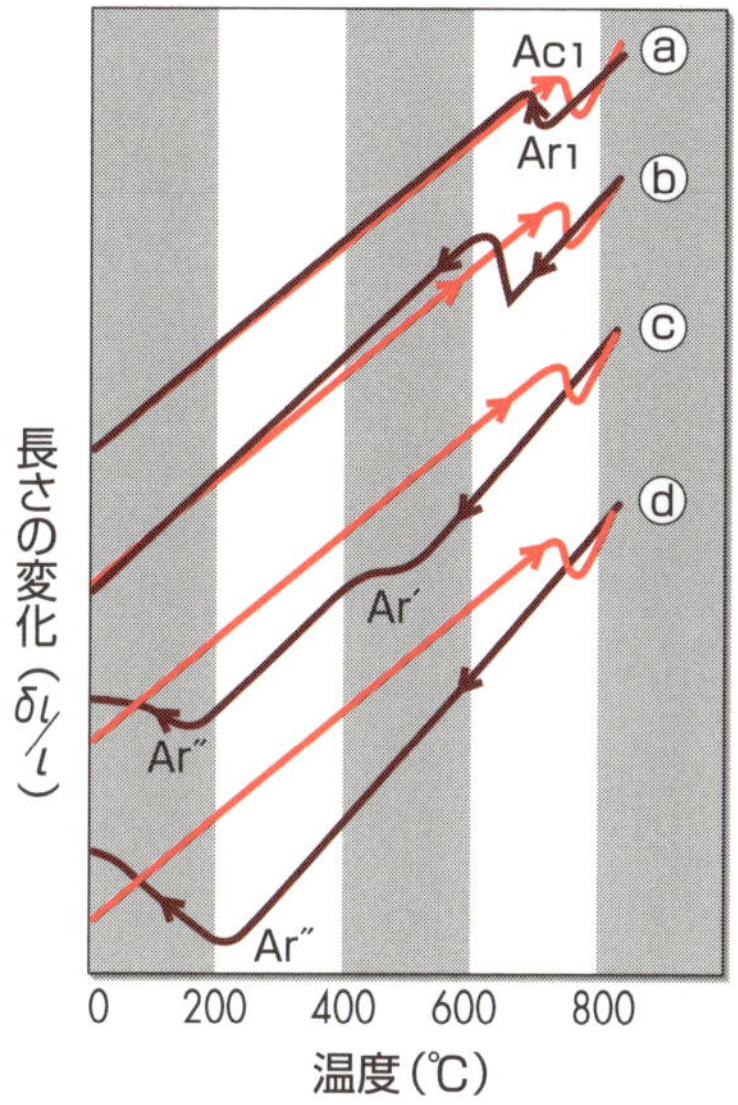

冷却速度によって膨張する量が大きく異なる。

出典：「鉄鋼材料便覧」日本金属学会、日本鉄鋼協会、丸善、1992年

マルテンサイト変態による体積膨張率の計算

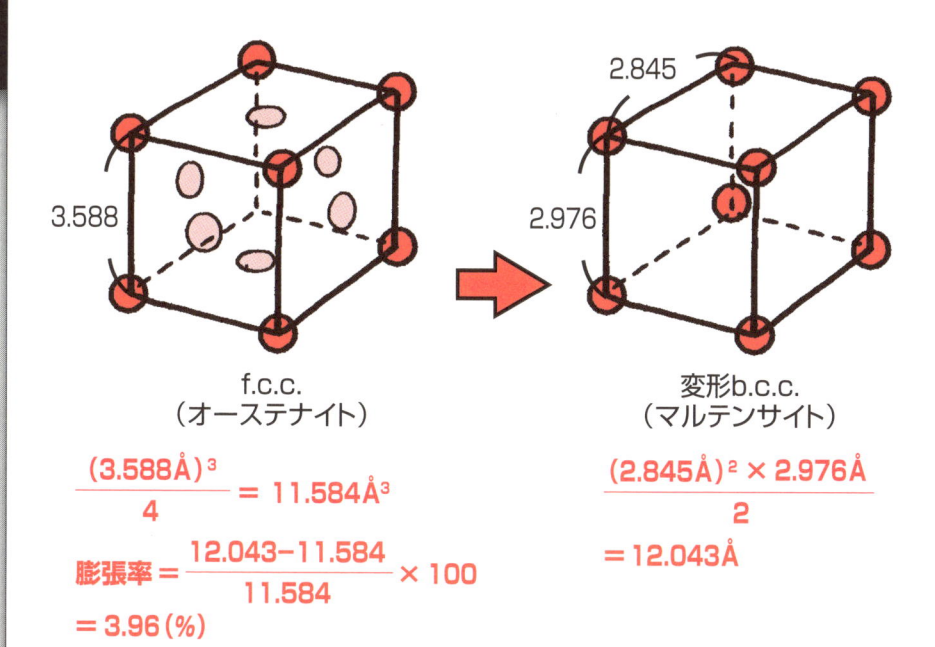

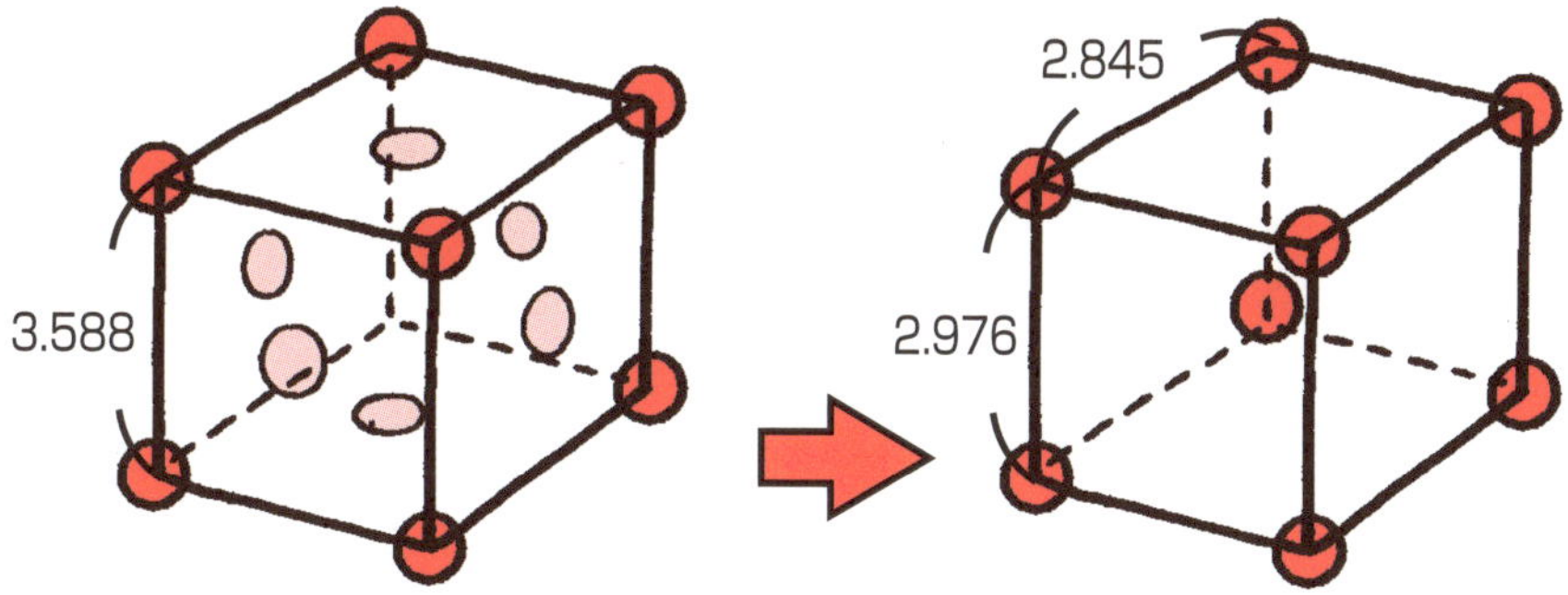

f.c.c.
（オーステナイト）

変形b.c.c.
（マルテンサイト）

$$\frac{(3.588\text{Å})^3}{4} = 11.584\text{Å}^3$$

膨張率 $= \dfrac{12.043-11.584}{11.584} \times 100$

$= 3.96(\%)$

$$\frac{(2.845\text{Å})^2 \times 2.976\text{Å}}{2}$$

$= 12.043\text{Å}$

32 焼割れの防止

焼入れでは最も注意すべき焼割れ

焼入れの問題点で最も大きいものが焼割れです。変寸や変形はあとで修正や加工し多くは製品になり得ますが、焼割れは製品としてダメになってしまうので大変な損害です。

焼割れの原因はさまざまな要因があります。その1つに焼入れ対象物が持つ材料の強度以上の力が内部に生じる焼割れがあります。このうち外部に発生する力が応力です。

鋼は高温に加熱されたとき熱膨張して体積が増し、その温度から急冷すると急激に寸法が収縮します。その際に熱応力がかかります。この応力に耐えられないときは割れが発生します。たとえばガラスで考えてみると、耐熱性ではないガラスは加熱後に急冷すると割れてしまうのと同様です。

次に変態応力による焼割れです。オーステナイトからマルテンサイトに変態すると寸法が膨張します。この膨張による応力が発生しますが、膨張は対象物のうち外部、形状の各部などが同じ応力になるわけではなく、大小さまざまで極めて複雑です。

焼入れでは熱応力と変態応力が同時並行的に起こり、変寸と変形はもちろん割れも発生することがあるのです。しかし焼割れは規定の試験片で実験して予測したり、実際の製品のデータを積み重ねて対策をとることができます。

たとえば軸のキー溝部は、断面で見ると欠落しているので、ここで割れが発生しやすくなります。軸では段差部の小径側に割れが発生しやすいので、Rをつけて応力の集中を緩和する対策をします。焼割れはこのような事象を予測して対応しなければなりません。

焼入れ後の焼戻し（後述）が遅れたときに、置き割れが発生することがあります。これは冬季の深夜、室温が低下したときに残留オーステナイトがマルテンサイトに変態して起きる現象で、大きい音を発生して割れます。

要点BOX

- ●急激に寸法が収縮し熱応力による焼割れが起きる
- ●変態応力が発生し膨張による焼割れが起きる

焼戻しが遅れたときに起きる焼割れ

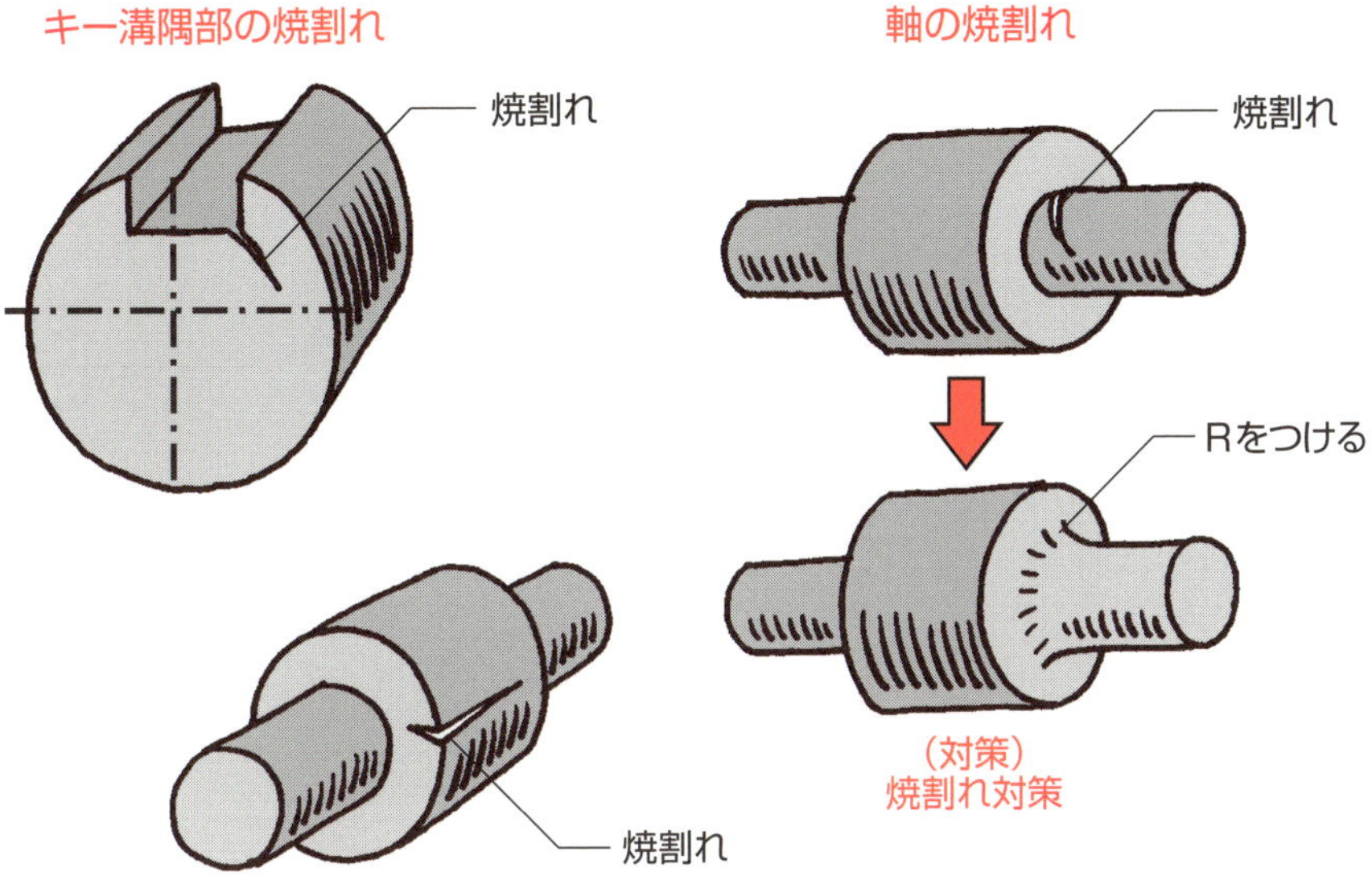

焼入歪と焼割れ測定試験片

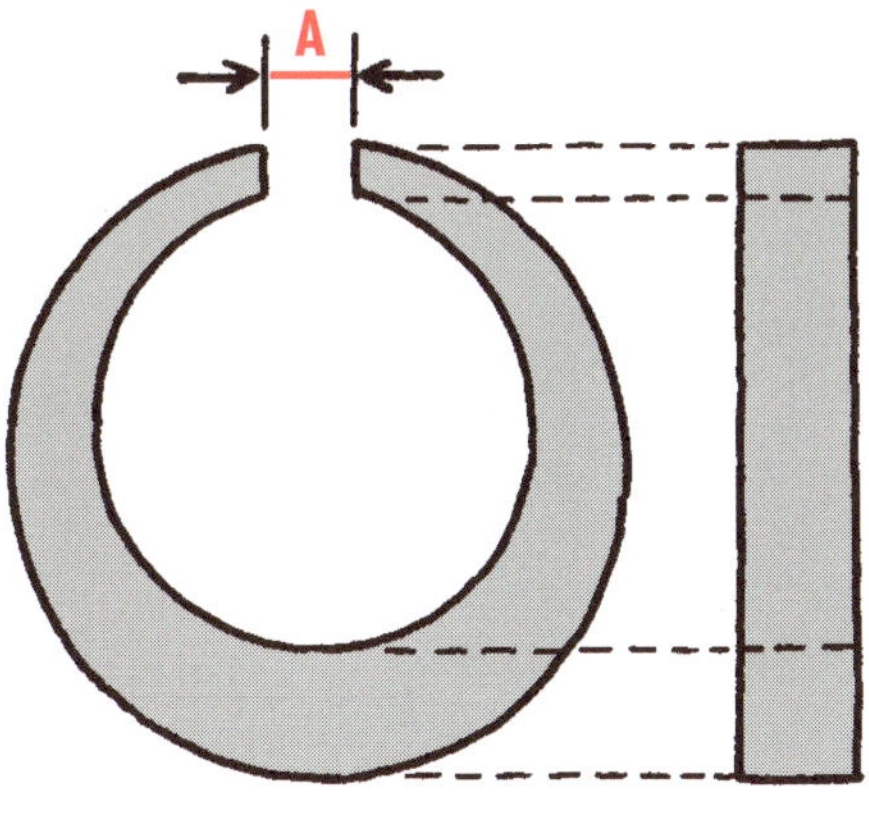

焼入歪はA部の寸法および各部（径や厚さ）を測定する。

用語解説

置き割れ：焼入れして放置したままのとき割れる現象で、対策は早く焼戻しを行うこと。

33 さまざまな焼入法

焼入れでの変形を防ぐ工夫

焼入れ時に発生する問題点を防止するためにいろいろな焼入方法が考えられています。焼入れ前は寸法精度が良かったのに焼入れしたあとに、反りや曲がりなどの変形が生じてしまうからです。対象物に変形が生じるには、次の4つの原因があります。

①加熱炉中の高温時において加工の応力が開放されて変形する

②高温時の耐熱強度に耐えられず変形する。他の製品が重なって荷重がかかることもある

③冷却槽に投入する際の鋼の姿勢により変形する

④形状によっては、マルテンサイト変態の起きる時間差が発生する

①に関しては焼入れ前に応力を除去（低温焼なまし）することが有効です。

変形の多くが②に相当します。軸物は炉内寸法の高さが制限されるまでは、姿勢を縦にすることです。小物小径の軸物は必ずバーに吊るします。炉内寸法の高さが制限を受けるときは、長軸を横に置いて下部トレイ（台）との隙間に間隔を詰めて楔《くさび》を入れる方法があります。薄板は平たく置かず縦にするか、それ以上に薄いときは板ガラスを保持するように枠を設けて左右から支えます。また、取り出すときのたわみなどの変形防止も考えなければなりません。

カミソリの刃のように薄い場合は、プレス焼入れを行います。加熱炉から取り出したあと冷却した金型間に挟み込んで荷重をかけると急冷できます。

③は焼入れ時に冷却槽までの投入時間を早くすべきで、速い速度のクレーンの利用が望まれます。対象物の各部位は冷却を始める時間に遅速があれば冷却温度に差が生じ、その結果マルテンサイト変態の開始（Ms点）に遅速が出て変形の要因になります。

④ではたとえば長パイプ材の焼入れを考えると、内部に冷却剤が流入することが困難で焼入れがうまくいきません。そのためには縦に投入すべきです。

要点BOX

●高温時の耐熱強度や他の製品が重なって荷重がかかり変形することが最も多い
●製品形状に注意を払って変形防止を考える

加熱炉内の姿勢

小物小径の軸物はバーに吊す。

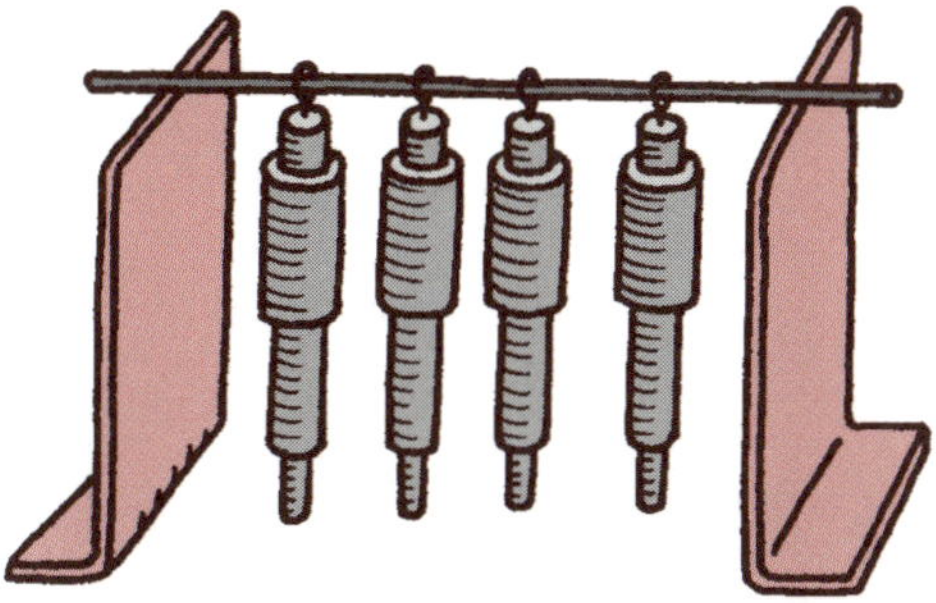

長尺物の保持

楔を入れて高温による変形を防ぐ。

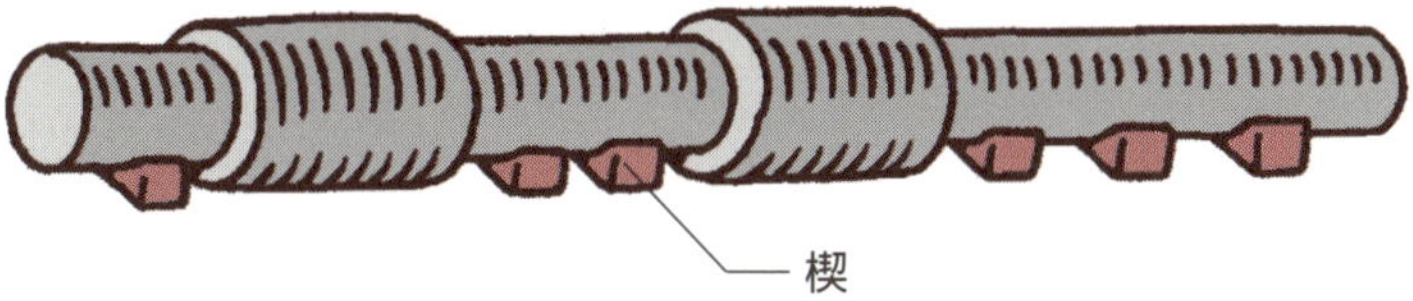

プレス焼入れ

荷重をかけて急冷する。

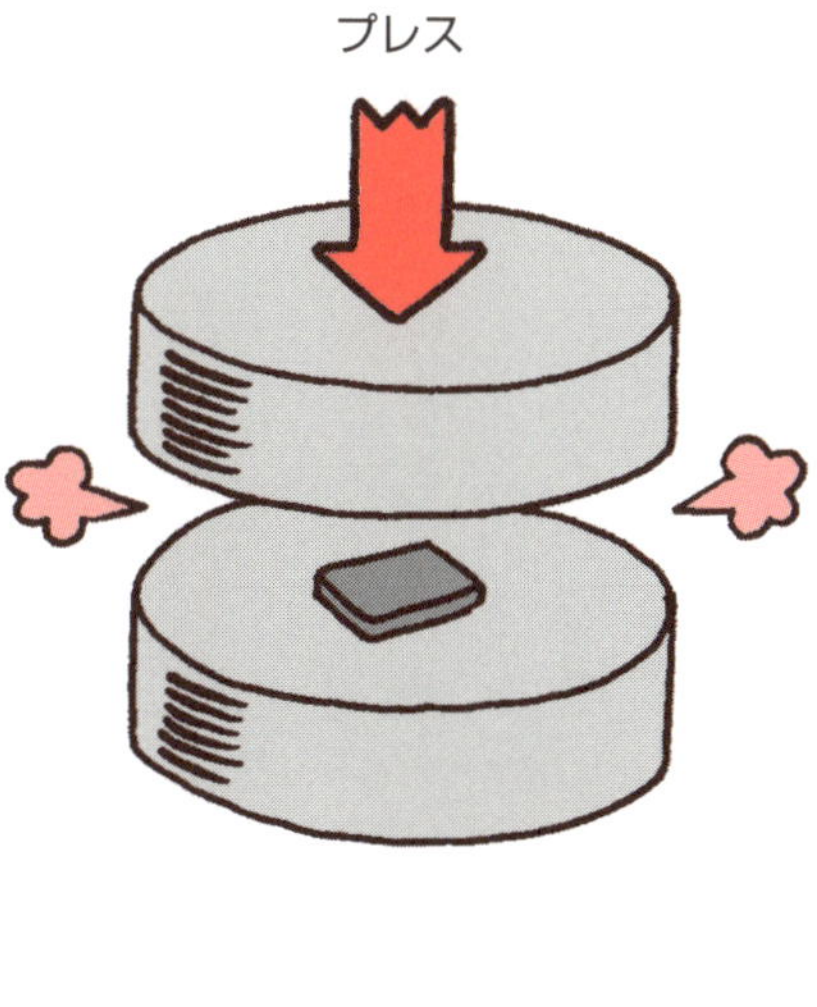

長パイプ材の焼入れ

冷却温度に差が出ないように冷却槽の投入時間を速くする。

34 表面対策で酸化や硬さ低下を防ぐ

鋼表面の酸化防止と脱炭対策

焼入れは焼なましや焼ならしと異なり、機械加工したあとの対象物に多く行います。鋳肌のままの場合や焼入れしたあとに再び機械加工して仕上げるときは、表面の荒れやスケール（錆）の付着があっても問題はありません。しかし機械加工品で焼入れした状態が最終仕上げのときは、できるだけ表面をきれいにしておかなければなりません。加熱時は温度が高いのでどうしてもスケールがつきます。そのため表面が酸化しないように対策を立てます。

市販されている表面の酸化を防止する水溶性の薬剤を、さらに水で薄く延ばしてハケで必要な個所に塗布します。厚く塗ると焼入性に支障をきたします。重要品の場合には、メッキをすることがあります。

加熱時のスケールはFeが酸素と化合する酸化物なので、焼入れ後に除去するか、焼戻しの際に多くは脱落します。問題は対象物表面の脱炭です。鋼表面とやや内部近傍はFe中のCが高温時に飛散してしまうのです。Cは酸素と化合しCOガス（一酸化炭素）あるいはCO_2ガス（二酸化炭素）として表面から抜け出してしまいます。その結果、表面や内部近傍は元の鋼に含有するC濃度が減少します。これを脱炭素すなわち脱炭と言います。

脱炭が生じたら焼入れに際しては、表面やその近傍でC濃度に応じたマルテンサイト組織が生成されます。高炭素品の場合でも表面硬さが低くなり、焼割れの引き金にもなります。そこで脱炭を防止しなければなりませんが、加熱炉の内部を不活性ガス、N_2ガス、COガスなどで充満する方法が最も得策です。

もう1つの方法は耐火物容器に焼入れ対象物を入れて、その周囲をダライ粉（鋳鉄の削りクズ）で詰め、蓋をして加熱炉に挿入します。この状態で高温になってもダライ粉中の炭素がCOやCO_2にガス化して容器内に飽満して、還元雰囲気になるため表面は脱炭しません。

要点BOX

- 酸化防止剤で鋼の酸化を防ぐ
- 脱炭対策には加熱炉の内部を不活性ガスで充満させるか耐火物容器に入れ炭素を飽満させる

酸化によるスケール付着

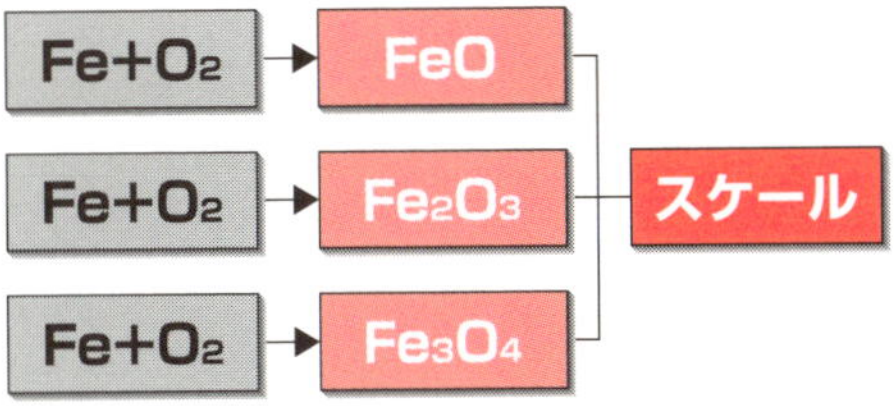

炭素によるCの消失

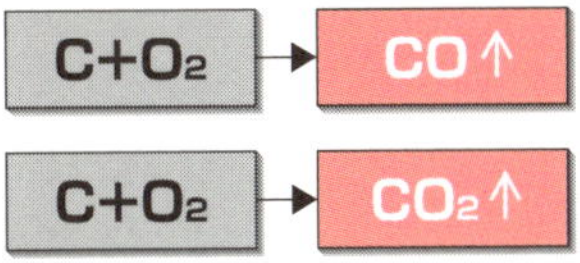

脱炭による表面の硬さとC％

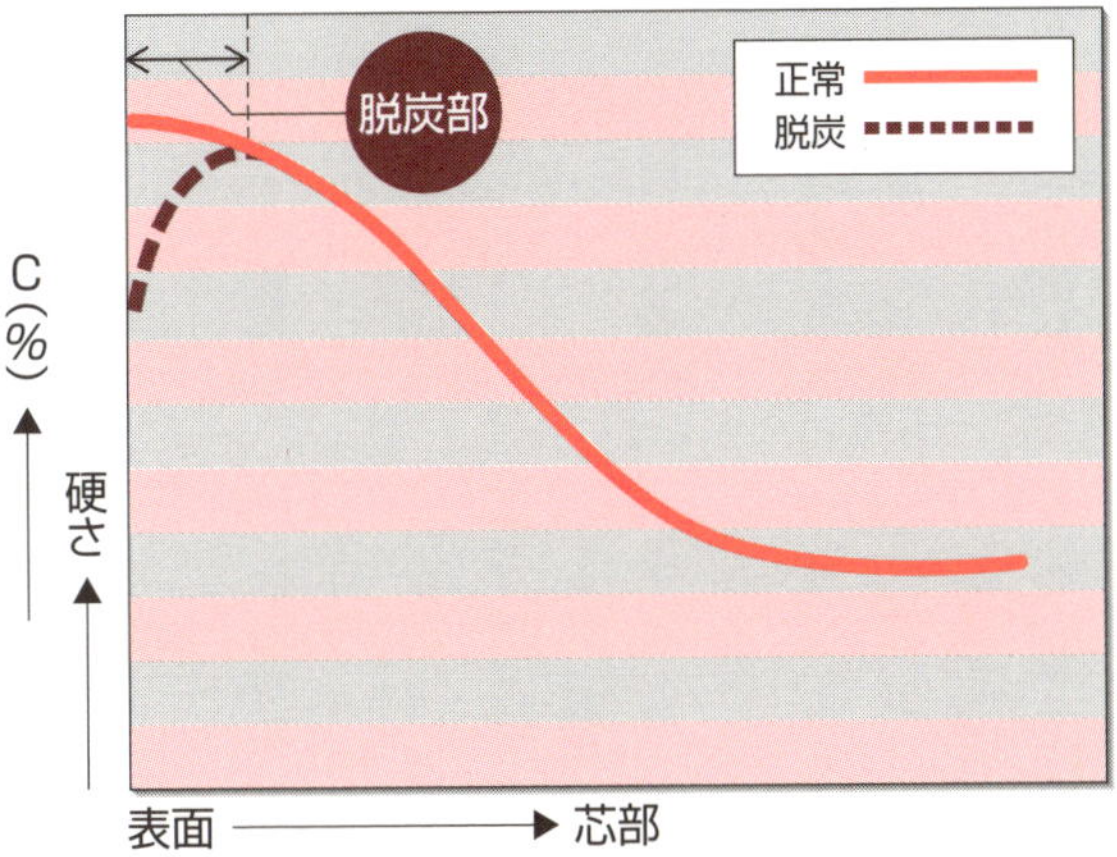

表面とその近傍のC量が減少し、硬さが低くなる。

ダライ粉充填による脱炭防止

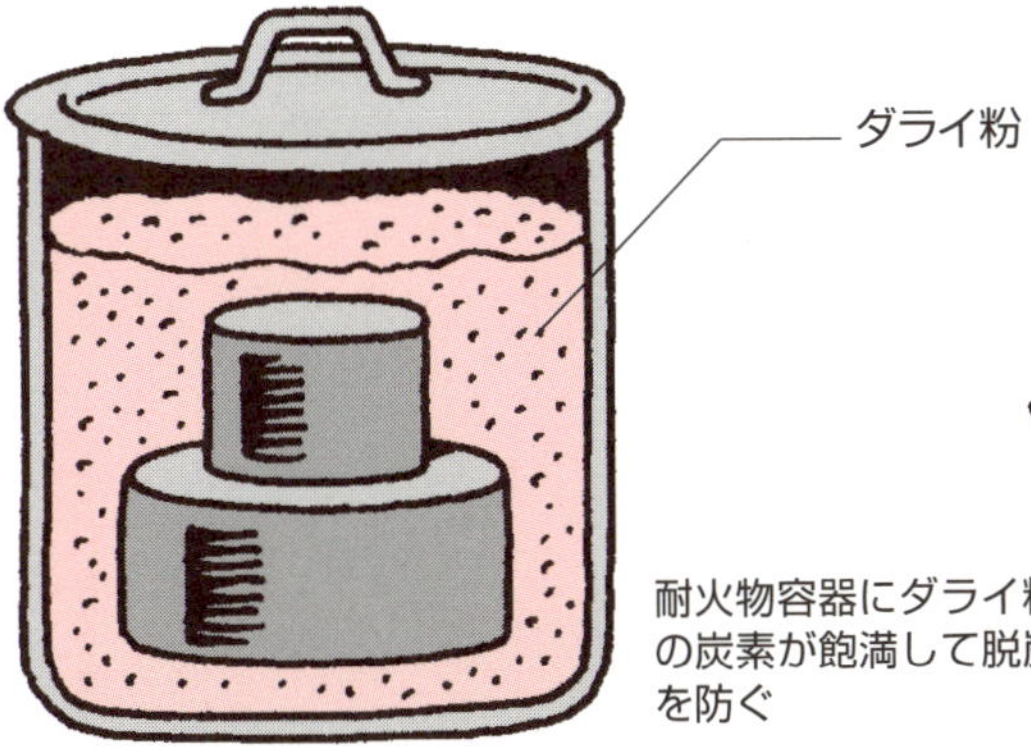

耐火物容器にダライ粉の炭素が飽満して脱炭を防ぐ

35 焼戻し

焼戻しで優先させたい性質を得る

焼入れしたあとには必ず焼戻しを行います。焼戻しの目的は、次の3つがあります。

①硬さの調整
②内部応力の除去
③靭性（ねばり強さ）の付与

これらは焼戻しを行うことによって、同時に改善されます。

焼入れで生成したマルテンサイトは硬くて脆い（脆性）組織で、急冷による内部応力の蓄積があり、焼戻しでこれらを改善します。

焼戻しは150℃から723℃の温度間（実際は680℃程度まで）で行います。723℃はオーステナイトに変態する温度です。

焼戻しは「低温焼戻し」と「高温焼戻し」があります。これらは焼戻しの温度の上昇に応じて硬さは減少しますが、一方で靭性に関するのびや絞りが大きくなります。

低温焼戻しは靭性より硬さを優先することが第一の目的で、内部応力を除去したり残留オーステナイトの安定化は次の目的です。残留オーステナイトを安定化する意味は、残留オーステナイトをそのままにしていると、経年変化によりパーライトなどのほかの組織に変わって、寸法や硬さが変化してしまうからです。低温焼戻しは150℃～200℃の温度で行い空冷します。この温度では硬さの減少はわずかなので、工具や刃物、ゲージなどに行います。

高温焼戻しはおおよそ550℃から650℃の温度で行います。この温度で焼戻しを行うと硬さが低下しますが、靭性が大きくなります。高温焼戻しは、靭性を優先することが第一の目的といっていいでしょう。焼入れと高温焼戻しの工程を併せて調質と言います。この鋼の製品としては、歯車や各種軸、各種構造物などで多用されています。

要点BOX

- 焼戻しの目的は、硬さの調整、内部応力の除去、靭性（ねばり強さ）の付与の3つ
- 焼戻しには低温焼戻しと高温焼戻しがある

焼戻しで鉄の性質を調整

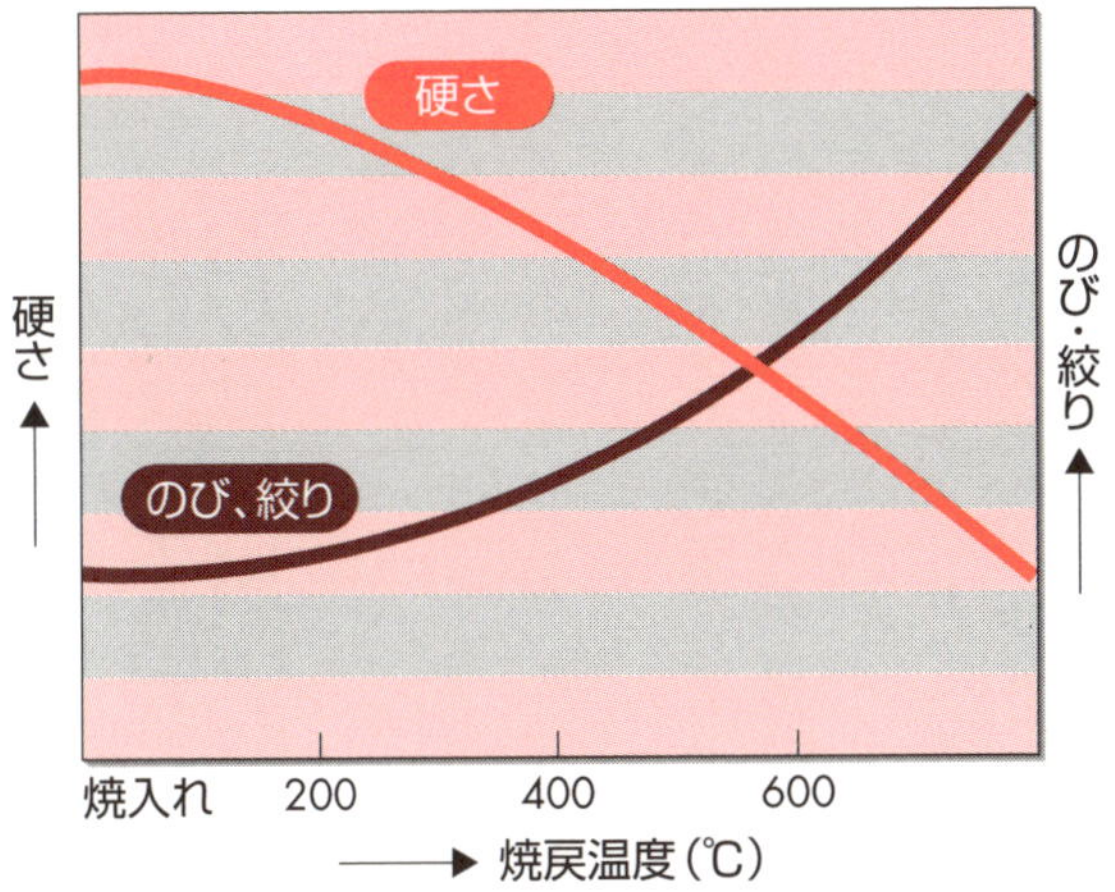

焼戻しの目的

❶硬さの調整
❷内部応力の除去
❸靭性の付与

焼戻しの熱履歴

低温焼戻し

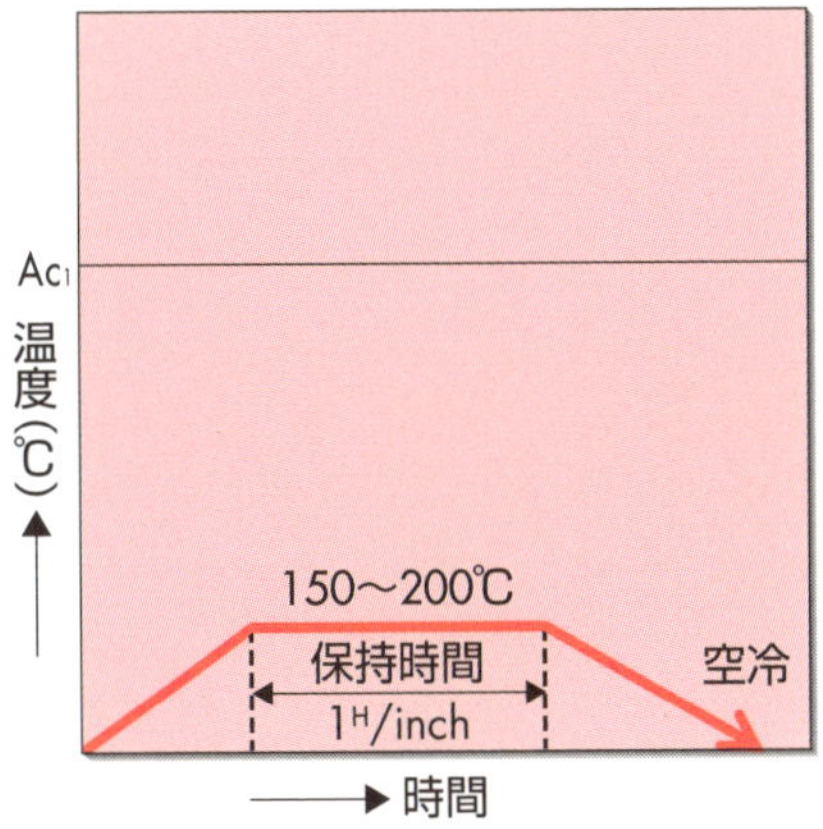

低温焼戻しは、靭性より硬さを優先

高温焼戻し

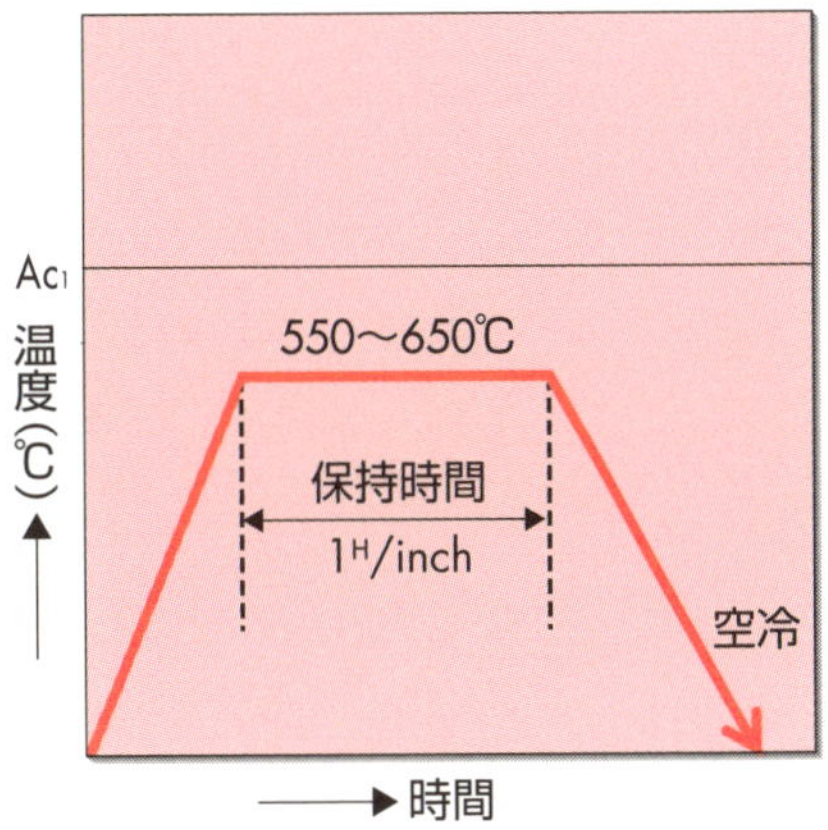

高温焼戻しは、靭性が大きくなり
硬さは落ちる

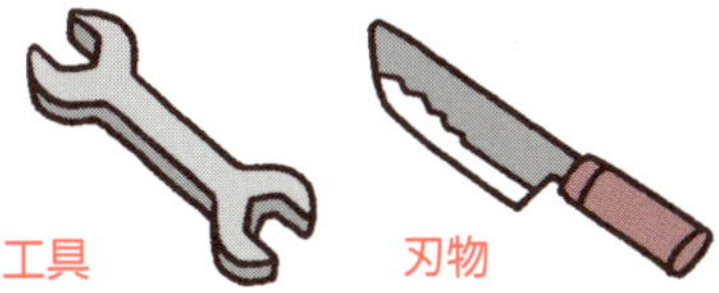

工具　刃物

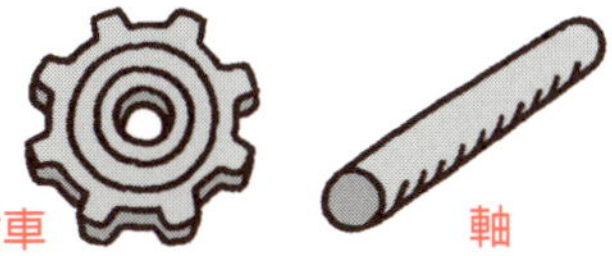

歯車　軸

用語解説

調質：焼入れと高温焼戻しの工程を併せて調質と言い、その目的は硬さ、すなわち強さと靭性を兼ね備えた強靭な鋼に変えること。

36 焼戻しの組織と焼戻脆性

焼戻しには急に脆くなる温度がある

焼戻ししたあとの組織はどうなっているでしょうか。焼入れして生成したマルテンサイトは不安定な組織です。そこで鋼は焼入れしたあと焼戻しをして安定な組織に変えます。

２００℃程度までの焼戻しの場合、針状のマルテンサイト組織の形状は変わりませんが、腐食されやすい素地になります。さらに温度を上げて４００℃程度になると、非常に微細な粒状の炭化物が形成されます。これはトルースタイト組織ですが、焼入れ時に生じるのと同じ組織ではなく、焼戻トルースタイト（または第二次トルースタイト）と言います。

４００℃を超えると炭化物の析出が顕著になってきて、容易に光学顕微鏡で観察することができます。焼戻温度をさらに上げると、トルースタイトが成長してパーライトに変化しますが形状は粒状です。このパーライトはオーステナイトから徐冷して得られる層状組織ではないので、焼戻しされたことが容易に判別できます。粒状のパーライト組織はスフェロイダイトと言い、層状のパーライト組織と比較すると靭性が大きくなる特性があります。これが焼戻しの効果です。

焼戻しをすると硬さは低下し、靭性が大きくなる傾向があります。しかし、それは必ずしも焼戻温度に依存するとは限りません。１つ目は鋼をおよそ２５０℃付近で焼戻しすると急激に靭性が低下して脆くなる現象があり、一次焼戻脆さと呼ぶ特性を示します。実際はこの温度で焼戻しすることはあまりありません。

２つ目は４５０℃から５００℃をやや超える温度域で焼戻しをすると、非常に脆くなる５００℃脆性があります。これが焼戻脆性です。とくにＳＮＣ鋼（ニッケルクロム鋼）で著しく現出しますが、ほかの鋼でも同様な傾向が生じるので、硬さ調整を行う場合もこの温度範囲を避けた方がいいわけです。ＳＮＣ鋼は焼入性が優秀で多く使用されていましたが、焼戻し時の脆化が激しかったため現在は実用化されていません。

要点BOX

- ●焼戻しでは層状のパーライト組織と比較すると靭性が大きな粒状のパーライト組織を生成
- ●焼戻しの欠点は一次焼戻脆さと焼戻脆性

スフェロイダイト組織

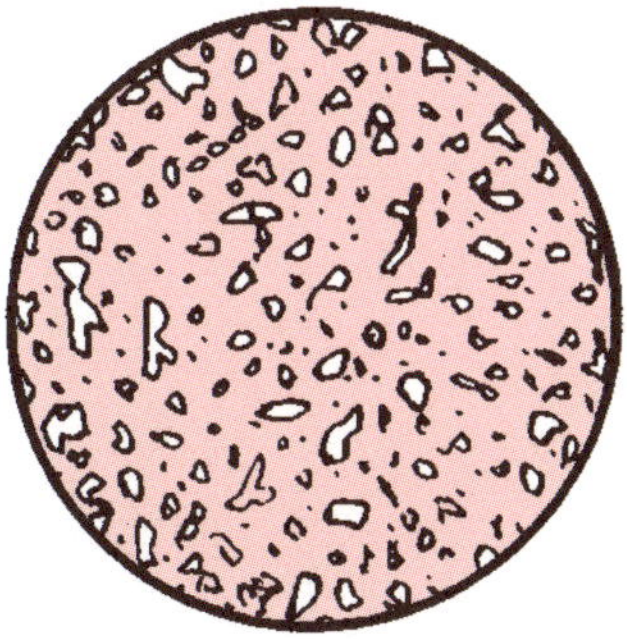

- スフェロイダイト組織とは粒状のパーライト組織のこと
- 靭性が大きくなる特徴があるが、硬さが低下

焼戻しによる脆化現象

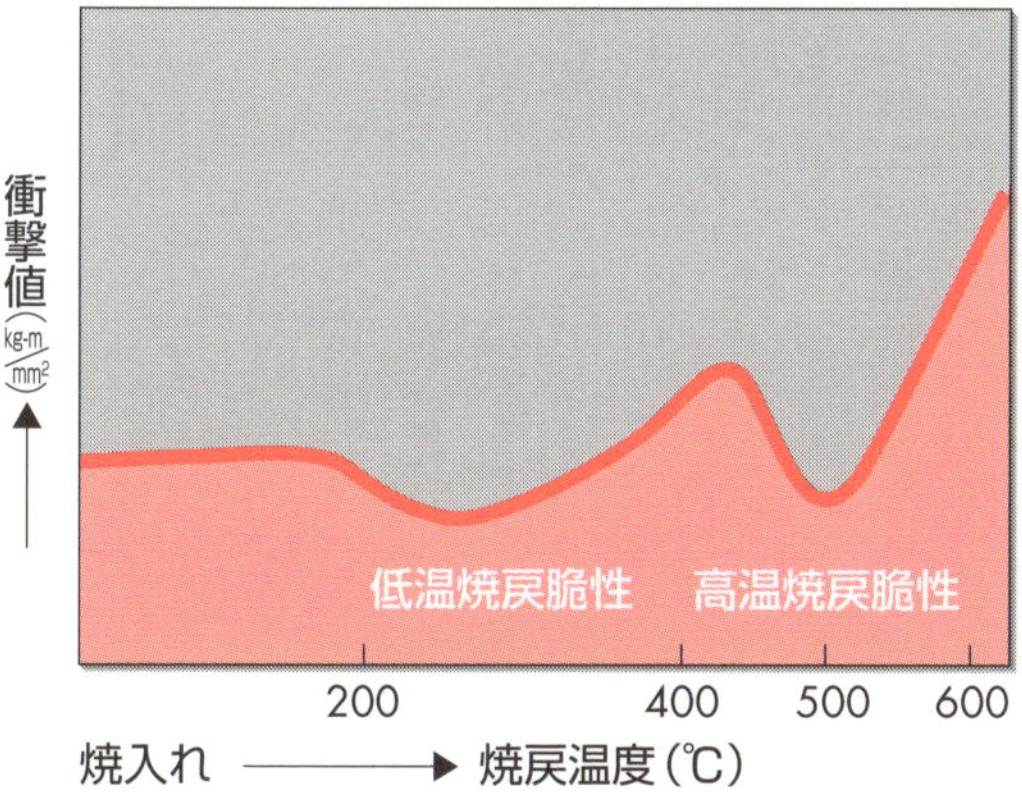

250℃付近と
500℃付近で
急に脆くなる。

37 中間焼戻し

低温焼戻しや高温焼戻しでできない特性を付与する

　中間焼戻しという言葉はありませんが、低温焼戻しと高温焼戻しの中間の約４５０℃から５００℃程度の温度で焼戻しをするという意味です。この目的は硬さの調整とそれに付随する靭性を確保するためです。

　低温焼戻しは硬さの低下がわずかで硬さを優先し、高温焼戻しは硬さを犠牲にして靭性を得ることでした。中間温度で焼戻ししたときには硬さの低下があり、靭性が確保できますが、それぞれは中間値と考えてよいでしょう。

　中間焼戻しを行う対象物はばねや鋸などがあります。ばねは適当な硬さと弾性があります。もしばねを低温焼戻ししたら硬さは高く強度が大きいので、強力な弾性力が得られるはずですが、大きい荷重がかかったら折れてしまいます。一方、高温焼戻しを行うと硬さは低下して大きい靭性が得られますが、大きい荷重がかかったとき、塑性変形したままで永久に元の形状に復元しません。すなわち弾性がなくなります。

　ばねは使途に応じた硬さと弾性（もしくは靭性）値を得るために焼戻温度を決定しています。そこで中間焼戻しは、ばね戻しとも言われています。ばねの種類はコイルばね、渦巻きばね、板ばね、皿ばねなどがありますが、すべて焼入れ後にばね戻ししています。

　鋸は手で挽いてみるとわかりますが、ばねと同様に弾性があり折れにくく、ある程度の硬さがあり摩耗しにくくなっています。この場合も目的のための弾性値と硬さを決めて、それに見合う焼戻温度を採用してばね戻しをします。

　もう1つ追加しますと、大型ばねは熱間で加工しますが、時計などに使用するぜんまいなどの小さなばねは冷間のまま加工しています。冷間加工すると加工硬化を起こして強さが付加されます。強さは加工の度合いに応じて決まりますが、弾性を与えるためにやはりばね戻しをします。この温度は強さや弾性力により決まります。

要点BOX

- ●中間焼戻しは約４５０℃から５００℃程度
- ●中間焼戻しは弾性があって、ある程度の硬さが必要なばねなどに行う

中間焼戻し（ばね戻し）

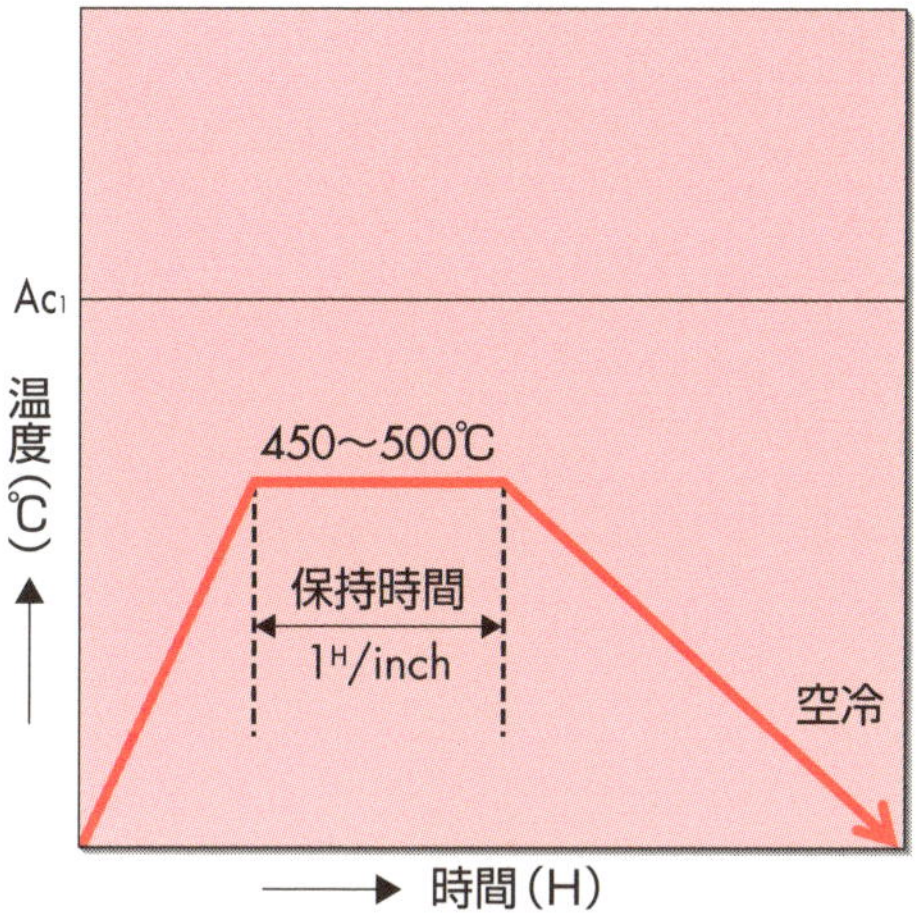

低温焼戻しと高温焼戻しの中間の温度で焼戻しを行う。硬さと弾性（靭性）を兼ね備えた性質を与える。

中間焼戻しを行うもの

硬さがあって弾性も備えもっているものでなければいけないもの

コイルばね

うず巻きばね
（ぜんまい）

皿ばね

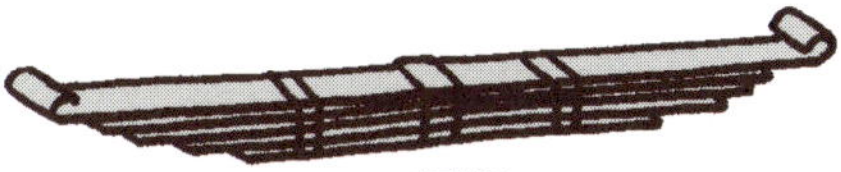

板ばね

鋸

用語解説

塑性変形：外力を加えると変形し、元の形に戻らなくなるときを言う。これに対して元の形に戻るときは弾性変形という。

38 不完全焼入れ

確実に完全な焼入れと焼戻しを行う

焼入れはオーステナイトから急冷してマルテンサイト変態させますが、すべてのオーステナイトが完全にマルテンサイトにならないことを不完全焼入れと言います。しかし、100%マルテンサイトに変態することは困難なので、50%の焼きが入れば焼入れができたとしています。

不完全焼入れの組織は、まずマルテンサイト、ほかにフェライトおよびパーライト（ソルバイトとトルースタイトを含む）と残留オーステナイトです。残留オーステナイトは焼戻し前にサブゼロ処理を行ってマルテンサイト変態を起こすことができますが、フェライトおよびパーライトその他はそのままです。

結果として、鋼が不完全焼入れされたら本来は充分にマルテンサイトになったときに得られるはずの所定の硬さが出ません。このことは非常に重要なことです。

設計は製造（熱処理）に対して、指定の鋼の調質（焼入れと高温焼戻し）と硬さを指定します。熱処理工場は工程通り焼入れをしますが、ここで充分な硬さがないと判別したら再度焼なまししたあとにやり直さなければならないはずです。でもそのあとに高温焼戻しで硬さを調整するからと言って、工程を進めてしまうと取り返しのつかない問題が生じます。

指定の硬さを得るためには、完全焼入れをしたときに高い焼戻温度になります。しかし、不完全焼入れした鋼は低い温度で焼戻ししなければ指定の硬さに達しません。低い温度で焼戻しすると硬さは所定値が得られますが、靭性を示すのびや絞りは低くなります。対象物の鋼では硬さは表面計測できるため合否を判定できます。しかし、のびや絞りは破壊しなければ計測ができないため、合否の判定ができません。

このように不完全焼入れは熱処理を行う責任において排除して、完全な焼入れと焼戻しを行うことが信用につながり、機械や装置の故障を未然に防止することになります。

要点BOX

- 不完全焼入れとはオーステナイトが完全にマルテンサイトにならないこと
- のびや絞りは破壊しなければ計測ができない

不完全焼入れに注意

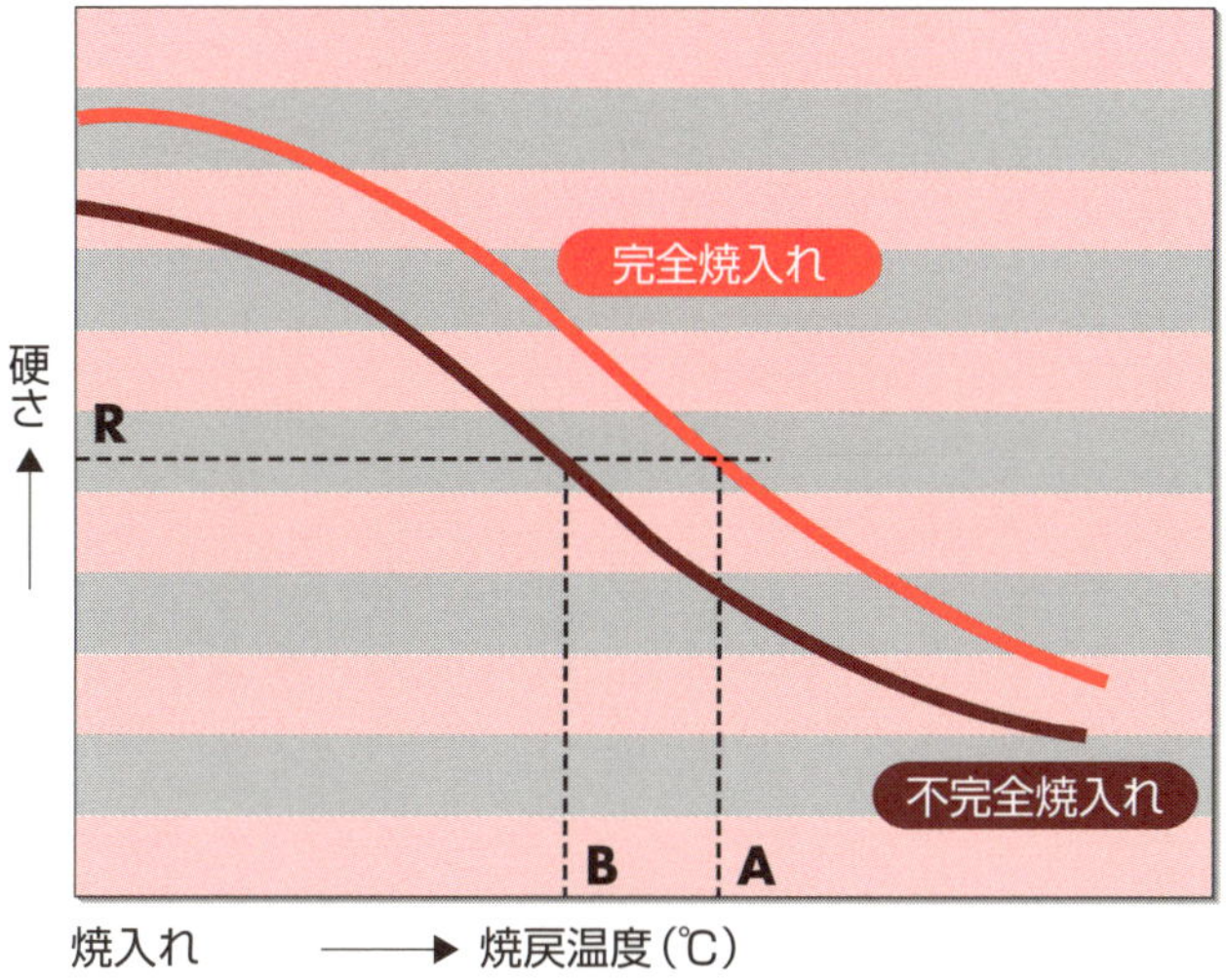

指定の硬さRを得るために、完全焼入れしたときはAの焼戻温度、不完全焼入れしたときはBの焼戻温度になる。

焼戻温度によるのび・絞り

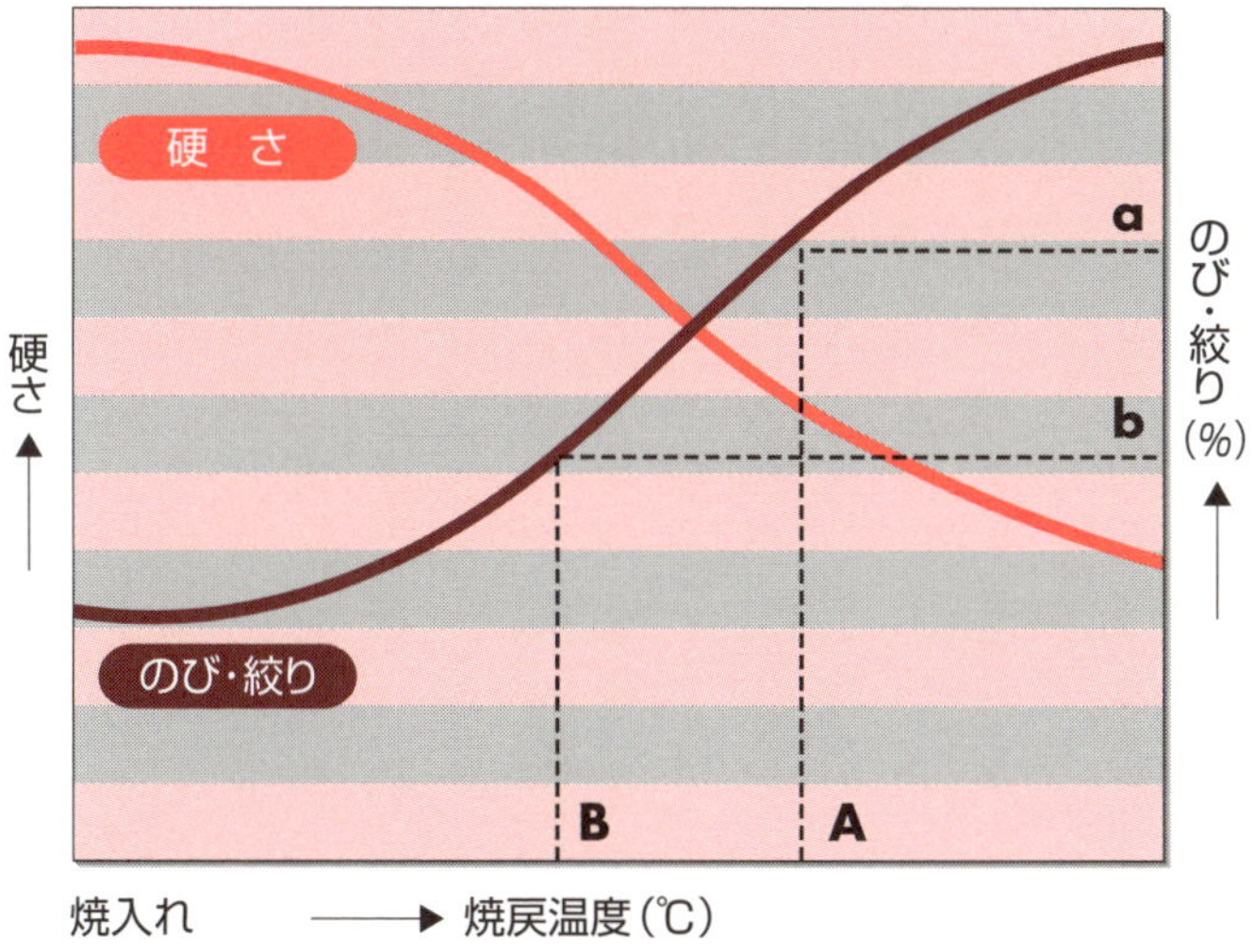

のび・絞りはAの焼戻温度ではa、Bの焼戻温度ではbとなり、のび・絞りは焼戻温度の高低により大きい差異が生じる。

39 二次硬化

Cr、Mo、Vなどがさらに硬さを上げる

高温度の雰囲気中にさらされて強度を保ちながら稼働する機械、装置、機器があります。これらの機器の材料の鋼は調質（焼入れおよび高温焼戻し）されて強靭性を具備しています。

熱間加工では金型に挿入する対象物をオーステナイトまで加熱して塑性変形し、所定の加工度および形状を得ています。このとき使用する金型は対象物の温度が伝導・輻射されて加熱されます。もともと金型は繰り返して塑性加工する際の摩耗に耐え、熱により表面の亀裂が生じないように製作しなければなりません。そこで金型は焼入れを行い、本来は硬さを維持する目的で低温焼戻しします。ところが塑性加工時に金型が高温度になりうるので、低温焼戻しをして確保した硬さが高温で焼戻しされて低くなり、急速に摩耗などを起こしてしまうため使用に値しません。

そこで500℃程度の加熱にも耐えて硬さを維持できるようにした鋼が熱間金型用鋼です。

熱間金型用鋼は従来の炭素鋼の成分にCr、Mo、V（バナジウム）などの成分を追加して添加した鋼です。これらの添加合金元素は炭化物生成元素と言われ、Cと化合しやすく炭化物を生成します。またこれらの炭化物は非常に硬く、高温度でも分解しにくい化合物です。熱間金型用鋼は焼入れして所定の硬さを得たあと、通常の焼戻しでは低温焼戻しを行うはずですが、およそ500℃から550℃程度の温度で焼戻しを行います。その結果、硬さは焼入れによって得た硬さと同じか、やや高い硬さを得ることができます。

熱間金型用鋼中の各種の炭化物がこの温度に加熱されて析出し硬さを向上させるからだと言われています。この現象は焼入れ時の硬さが一次とすれば二次的に硬化するので二次硬化と言われています。

このように金型と同様に熱を受けても硬さを維持する必要がある機械類はたくさんあり、内燃機関の構成部品にも熱間金型用鋼は使用されています。

要点BOX

- 熱間金型用鋼は500℃程度の加熱にも耐えて硬さを維持できるようにした鋼
- 炭化物生成元素を添加された熱間金型用鋼

二次硬化の現象

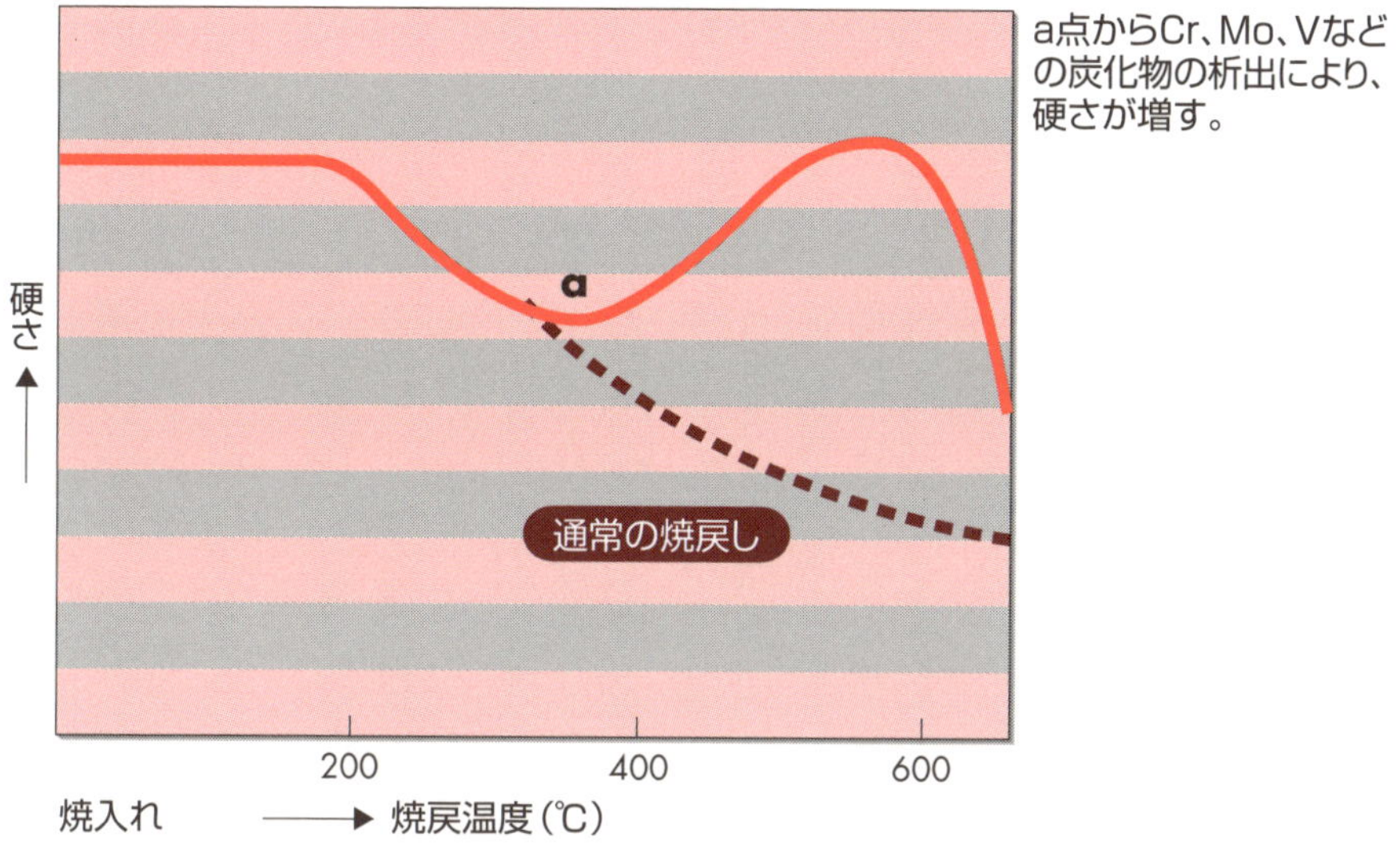

a点からCr、Mo、Vなどの炭化物の析出により、硬さが増す。

熱間金型用鋼による熱間加工

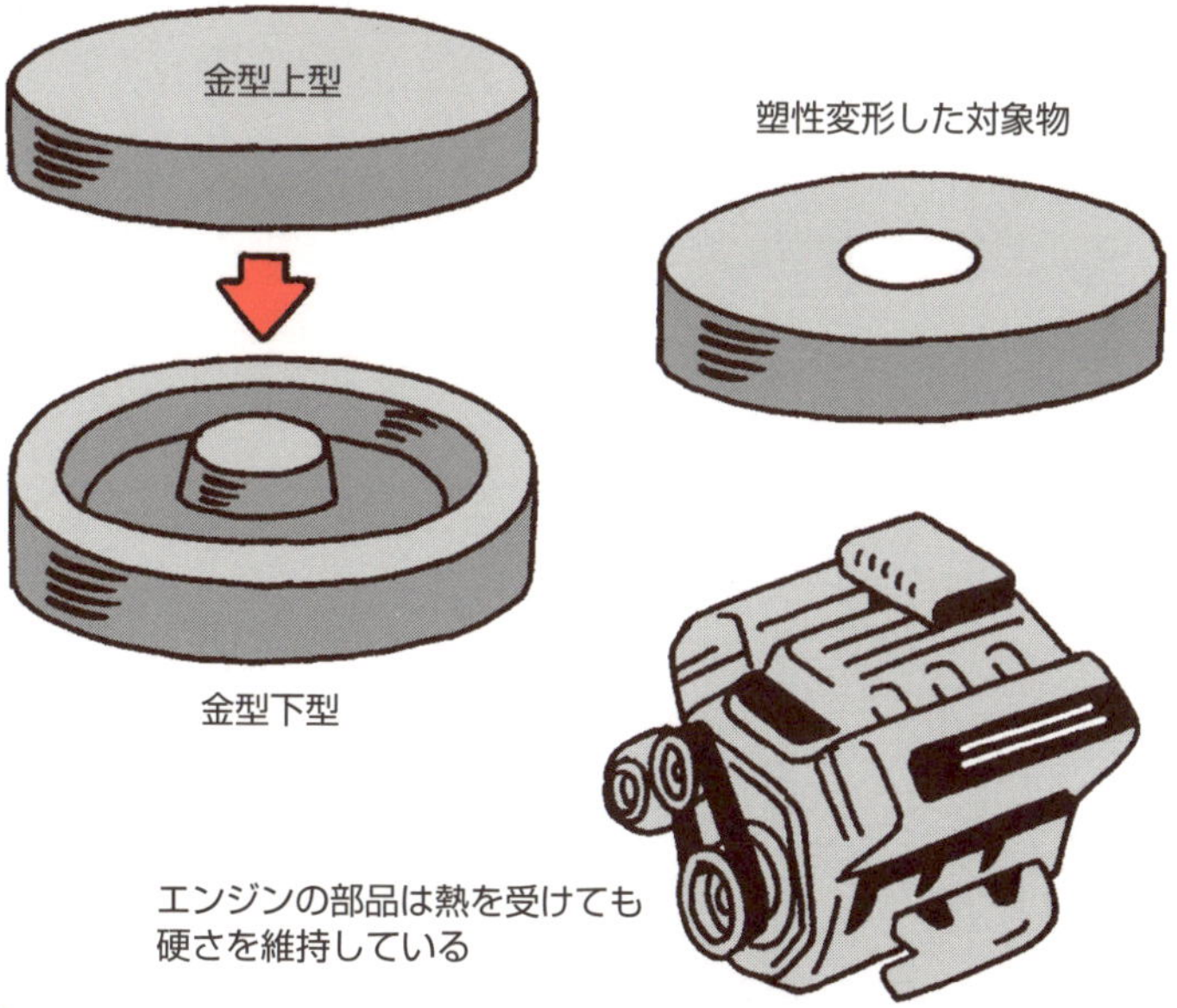

用語解説

炭化物：たとえばWC、TiC、VC、MoC、Fe_3Cなどがある。

Column

焼入れ時の判断とボヤ

焼入れでは、対象物を加熱炉から取り出したら、温度降下が少ないうちに冷却槽まで迅速に移動して投入しなければなりません。

焼入れは製品を冷却剤の中にすぐ沈めないと焼入油が加熱して油面から燃え上がりってしまいます。冷却剤が水の場合は問題ありませんが、浸炭焼入れ時に行う高温に加熱した焼入油を使用するときは、とくに注意しなければなりません。焼入油を150℃程度に加熱して焼入れする理由は、焼入れ時のマルテンサイト変態を徐々に進めて歪みや割れの発生を防止するためです。この方法をホットクエンチと言います。このときの焼入油は耐熱性がある高温用の焼入油です。

筆者が工場で勤務しているときのことです。ある日、数百キロの歯車1個を加熱炉から取り出し、焼入冷却槽まで素早くクレーンで横移動して槽の中央部で振れを止め、やっと製品を焼入油面に降下させ始めたときのことです。あと数センチで全部沈むというところで、クレーンの降下が止まってしまったのです。筆者はたじろいでいる作業者に、すぐに沈めるように指示を出しました。焼入油面からは炎が出始めたのです。すぐにとんで行って、作業者からクレーンのペンダントを取り上げ、自分で操作しました。しかし、クレーンはウンともスンとも言わないのです。このままでは、歯車がダメになってしまうので危険を承知のうえで、窮余の策として作業者に歯車の突き出ている部分に焼入油をかけるように指示しました。その甲斐あって炎は消え、幸いにも冷却もできたようでした。クレーン停止の原因は突発の停電でした。

外径150㎜、内径が100㎜の3ｍもある長尺の中空の貫通パイプを焼入れすることになりました。長尺物は縦方向に焼入れすることが曲がり防止上の鉄則です。このときもチェーンで吊して焼入油に投入しました。すると、パイプが油面に沈み始めると同時にパイプから焼入油が吹き出したのです。ちょうど、ジェット噴射のように建家の天井まで吹き上げ、火がつきました。それでもパイプは焼入油中に沈めましたが、天井が燃え始めてしまいました。幸いにも数台の消火器で延焼を食い止めましたが、始末書を書いたことは言うまでもありません。

第5章

恒温変態を利用した熱処理

40 恒温変態とは何か

恒温変態で均一な組織を得る

鋼はオーステナイトに加熱したあとAc_1点以下のある温度に急冷して一定に保持すると変態をし始め、ある時間が経過したあと終了します。焼入れの急冷は連続して冷却して変態させますが、一定温度に保持した変態を恒温変態と言います。

恒温変態は一定温度に保持して変態するため、鋼の内外部の温度差が少なく、均一な組織が得られます。これを利用した熱処理があります（後述）。

恒温変態は左のグラフのように表すことができます。縦軸に温度、横軸に時間をとります。鋼をオーステナイトに加熱し、急冷して保持する温度をさまざまに変化させて変態させます。各温度における変態の開始時間と終了時間をプロットし、プロットした点を連続した線で結びます。そうして得られた滑らかな線は恒温変態曲線（Time-Temperature Transformation curve）と言います。

この曲線は英単語からTTT曲線、あるいは曲線の形状がSの字に似ていることからS曲線、Cの字に似ているからC曲線とも言います。

恒温変態曲線は鋼の種類によって、温度と変態開始時間および終了時間が異なります。

グラフの中で温度軸に近接して左に凸を示す部位は鼻と呼ばれています。鼻の位置が左側にあれば変態開始時間が短く、右に寄ればその開始が遅くなります。すなわち後者は焼入れする際に、急冷までの時間が経過しても変態に余裕が生じてきます。

恒温変態して生じる組織は鼻の位置より上の温度で変態したとき、上方温度の順にパーライト、ソルバイト、トルースタイトが生じます。鼻の位置が温度軸側に寄っていれば急冷時に鼻を回避できないので、これらの組織が生じ軟らかい素地になります。

鼻の下の温度ではベイナイトがあり、マルテンサイト組織よりやや軟らかいのですが、充分に硬く靭性がある微細な針状組織が現出します。

要点BOX

- 恒温変態とは一定温度に保持した変態のこと
- 恒温変態曲線の凸部分の温度域を利用して、希望の組織に変態させる

恒温変態曲線

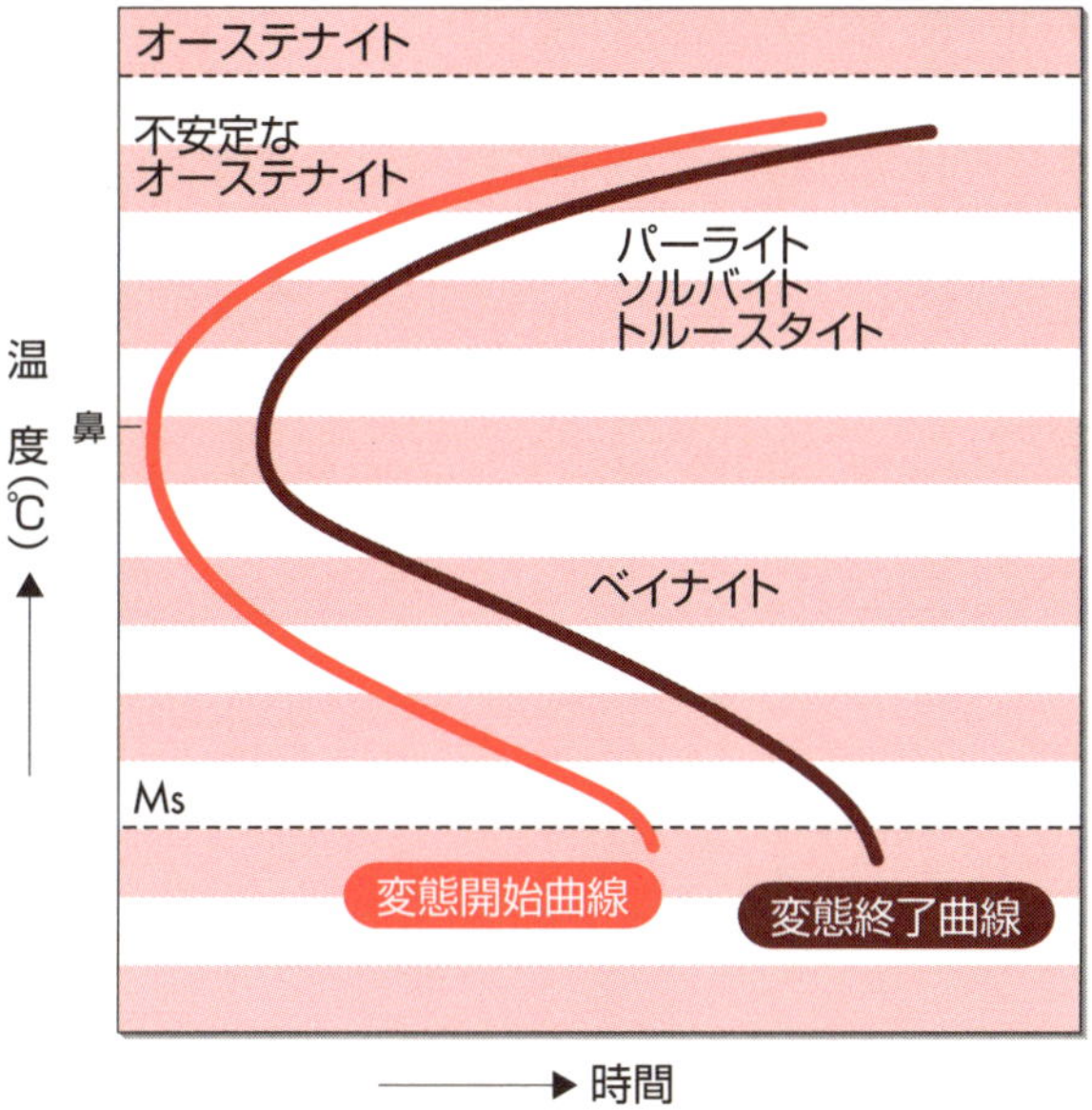

焼入れの急冷で一定温度に保持した変態を恒温変態という。

オーステナイトを恒温変態させるとさまざまな状態の鋼になる。

恒温変態曲線の鼻の位置による影響

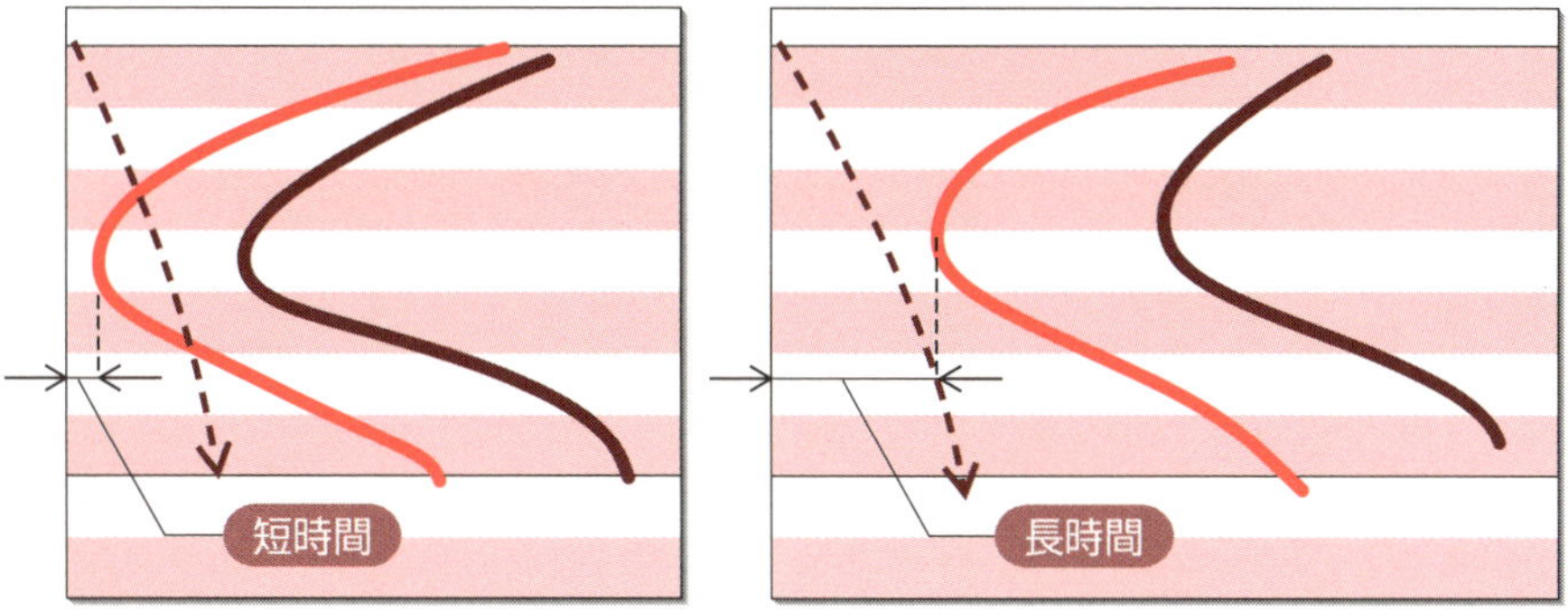

(a)

オーステナイトから短時間に急冷しなければ、不安定なオーステナイトが残る。

(b)

オーステナイトから急冷して変態が開始するまでに余裕がある。

41 恒温焼なましとオーステンパー

恒温変態を利用して変形や焼割れを少なくする

恒温変態を利用したものに、恒温焼なましがあります。グラフに表したようにオーステナイトからある温度に維持した冷却剤に焼入れします。通常は途中の温度に維持しないでこのまま室温まで冷却しますが、ある温度まで冷却したあとはそのまま冷却剤の温度で維持し変態を待ちます。鋼の温度は維持した温度で表面と芯部が一定になります。

鋼は維持されたままの温度で変態開始曲線を通過する際に変態を開始し、時間が経過すると変態終了曲線を超えて終了します。維持する温度によって変態して生じる組織が決まります。

維持する温度が高い方ではパーライトが現出します。順にソルバイト、トルースタイトに変態します。いずれも鼻の温度より上です。どの組織を生じさせるかは維持する温度をコントロールして決めます。

恒温焼なましは完全焼なましと比較してどのような利点があるのでしょうか。最終的に得られる組織は同じですが、時間の経過が異なります。連続冷却する完全焼なましは加熱後に炉内で冷却するので、室温まで冷えるまでに長時間かかります。一方、恒温変態は変態終了まで短時間でその後は空冷ができます。

恒温変態を利用したものにオーステンパーがあります。オーステンパーは恒温焼なましと操作は同じですが、熱履歴のうち維持する温度が鼻より下です。変態終了後の組織はベイナイトが現出します。ベイナイトは硬く靱性がある微細針状組織です。維持する温度で鋼の表面と芯部温度が一致して変態するので、変形や焼割れが少なくなり、オーステンパーした後の焼戻しは不要なため省エネにもなります。また温度を維持する冷却剤は塩浴が使用されます

この処理の欠点は大物品や重量物の場合、芯部は維持する温度まで冷却しようとしてもその温度に冷却されにくくなることがあります。そのときは芯部がパーライト変態してしまいます。

要点BOX

- 恒温焼なましは変態終了まで短時間でその後は空冷ができる
- ベイナイト組織が現出するオーステンパー

恒温焼なましの熱履歴

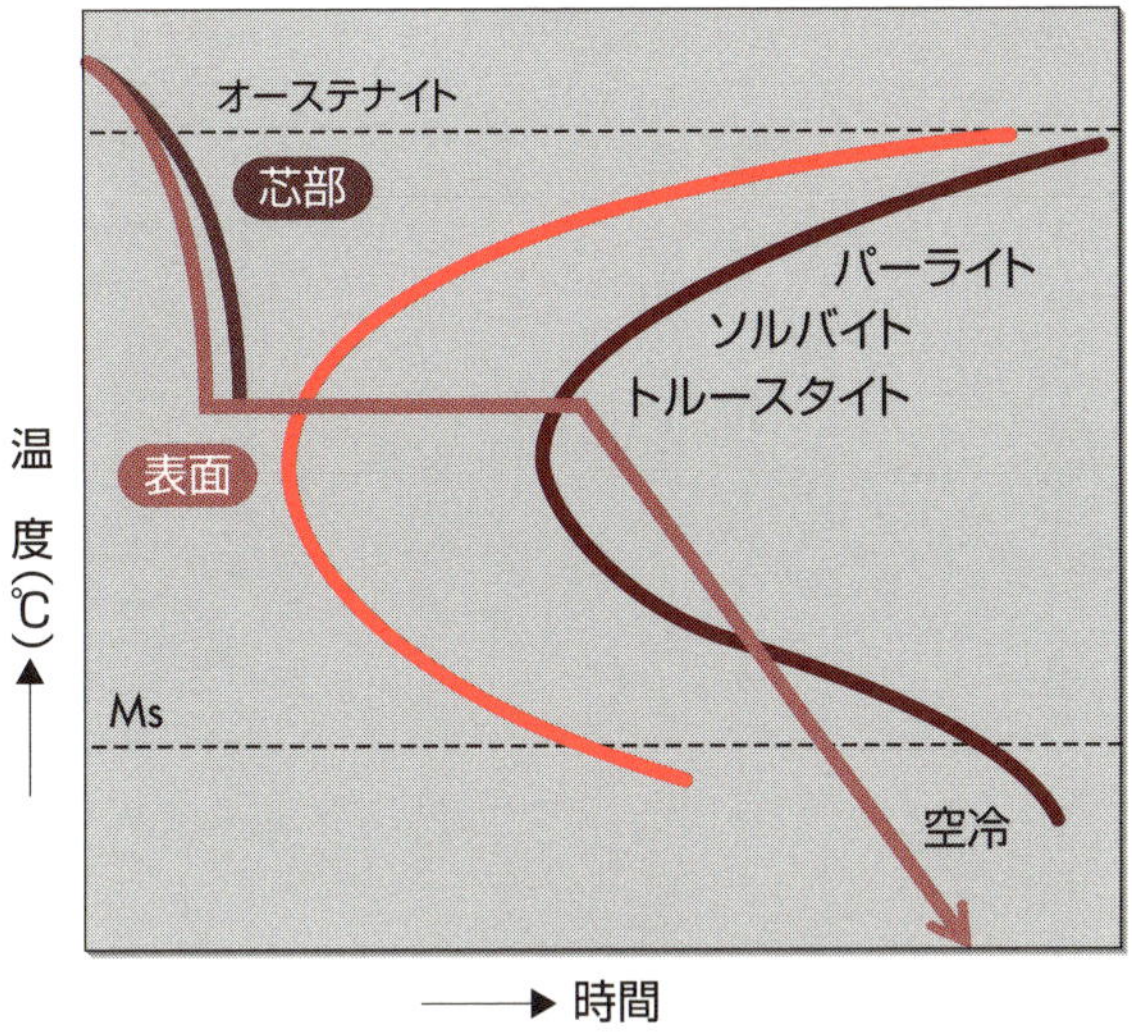

鋼の表面と芯部の温度が、同じ変態域になるように温度を維持して焼なましを行う。

オーステンパーの熱履歴

小物や薄物に効果を発揮するオーステンパー

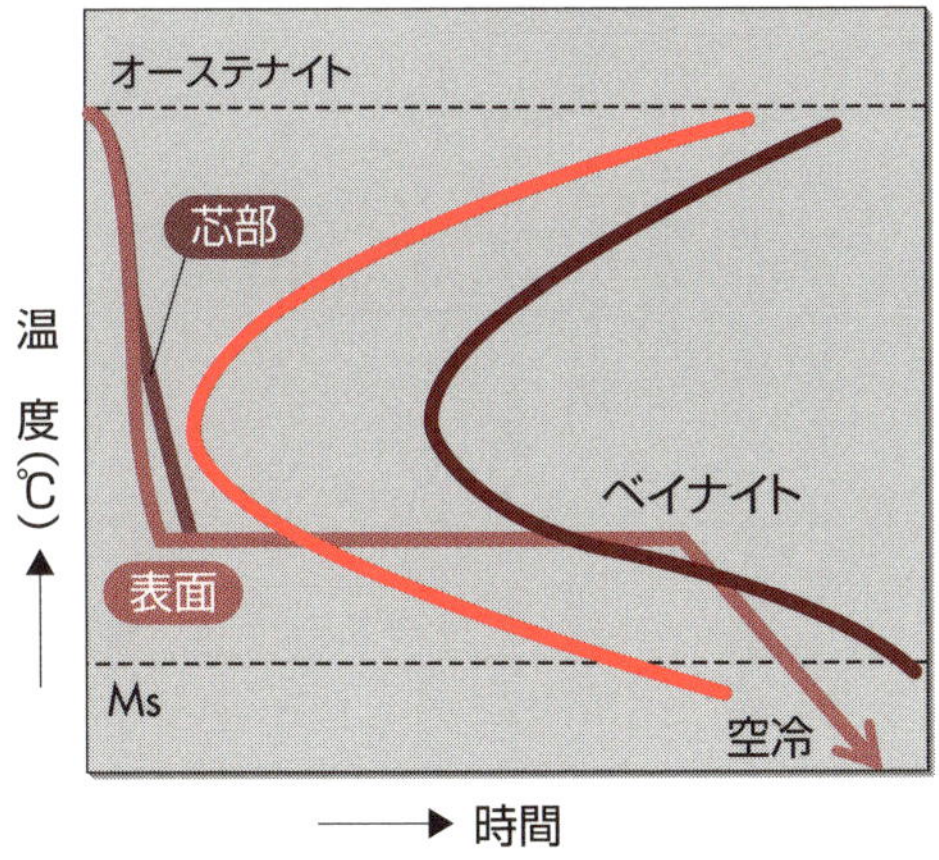

オーステンパーは鼻を回避して維持する温度をより下にする。
オーステンパーを行うと組織はベイナイトになる。

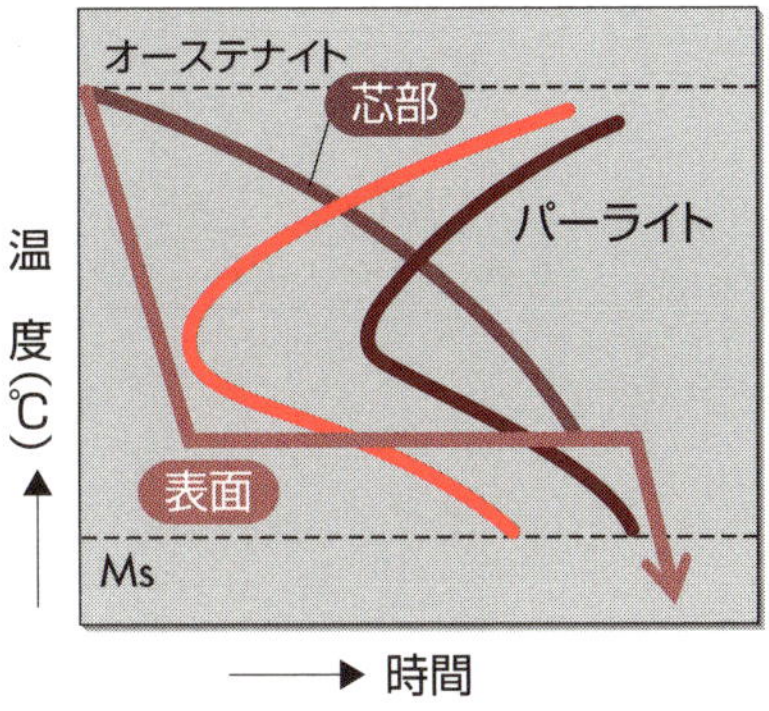

大物品、重量物の場合は芯部がパーライト変態してしまう。

用語解説

塩浴：ソルトと称し、炭酸塩、塩化物などの数種の塩を混合し加熱して液状にし、焼入れや温度一定に保持する冷却剤の目的として使用する。

42 マルテンパーとマルクェンチ

恒温変態曲線の凸部分の回避が鍵

鋼の焼入れはオーステナイトから急激に連続冷却します。その場合、いつも曲がりや反りなどの変形、焼割れに悩まされています。

焼入れと同じ結果が得られて、このような問題や欠点がない熱処理としてマルテンパーがあります。

マルテンパーは恒温焼なましやオーステンパーと同じような操作を行います。すなわちオーステナイトから変態を開始する鼻を回避して焼入れし（鼻を回避しなければパーライトなどの組織が生じる）、ある温度で表面と芯部が同じになるように維持します。維持する温度はMs点とMf点間です。鋼はMs点以下に冷却されるとマルテンサイト組織が生じます。Ms点とMf点間の温度降下比に応じてオーステナイトからマルテンサイトに変態する量比が決まります。

残りのオーステナイトは一定温度で維持する際に変態を開始し、ベイナイトを生じて変態を終了します。最終的な組織はマルテンサイトとベイナイトがそれぞれ混合した硬くて靭性のある組織になります。

また鋼はMs点以下の温度で維持すると表面と芯部が同じ温度になるため、熱による内部応力が少なくなり変形が防止できます。

マルテンパーが行いにくい恒温変態曲線は、鼻の位置があまりに左側によっているもので、焼入れ時に鼻を回避できません。しかし、この処理に合う鋼の曲線も存在します。

次はマルクェンチです。図に示すようにMs点直上まで冷却して維持して内外の温度を均一にしたあとMs点以下に冷却します。Ms点以下でマルテンサイトに変態し始め、Mf点まで冷却すると完全に変態が終了します。そのあと温度を上げて焼戻しを行います。

この処理の利点は表面と芯部の温度を均一にして変態を行うので、変形や焼割れが起こりにくく複雑品や薄物品に適していることです。

要点BOX

- ●マルテンパーはマルテンサイトとベイナイトが混合した硬くて靭性のある組織に変態
- ●マルクェンチでマルテンサイトに変態

マルテンパーの熱履歴

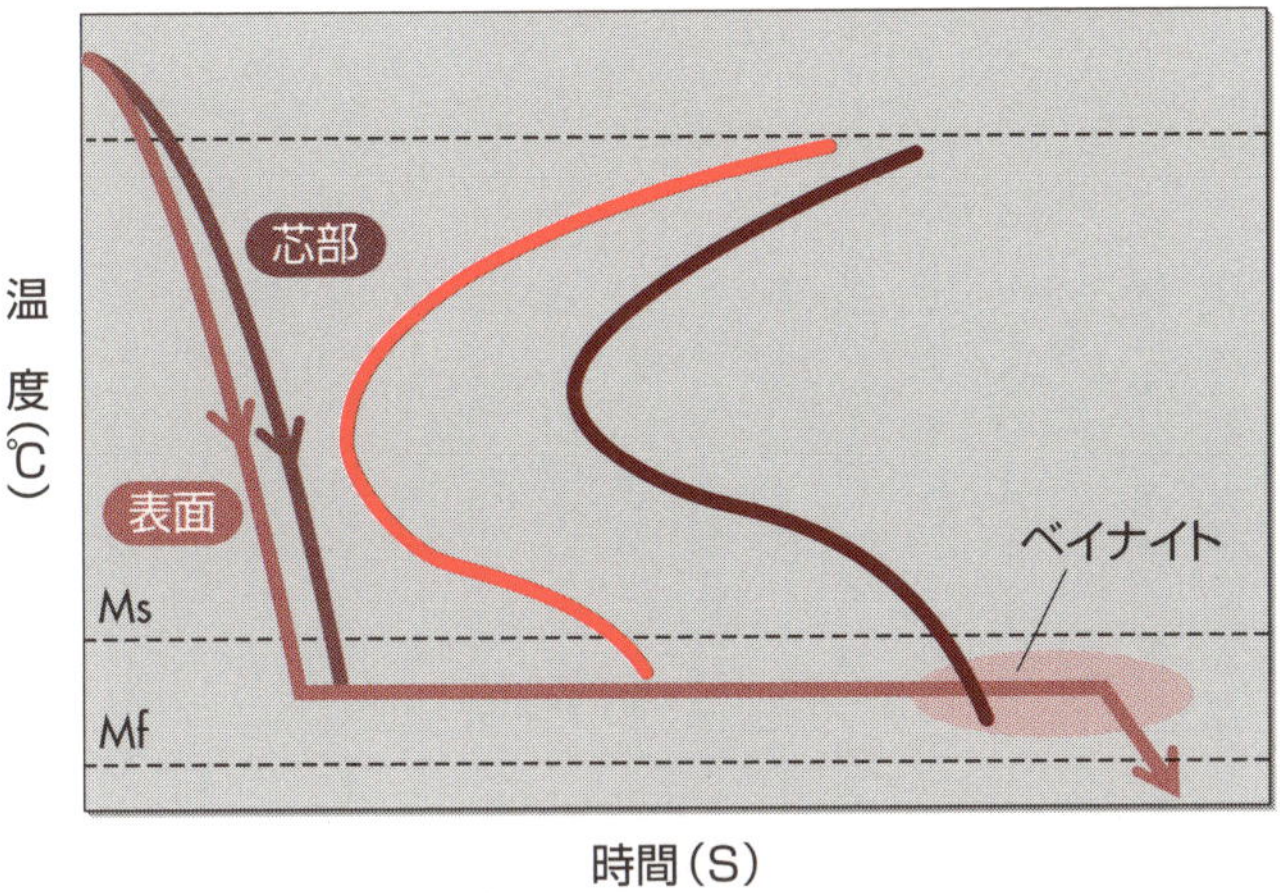

マルテンパーは、維持する温度をMs点とMf点の間にする。

マルテンパーを行うとマルテンサイトとベイナイトが混合した組織になる。

マルクェンチの熱履歴

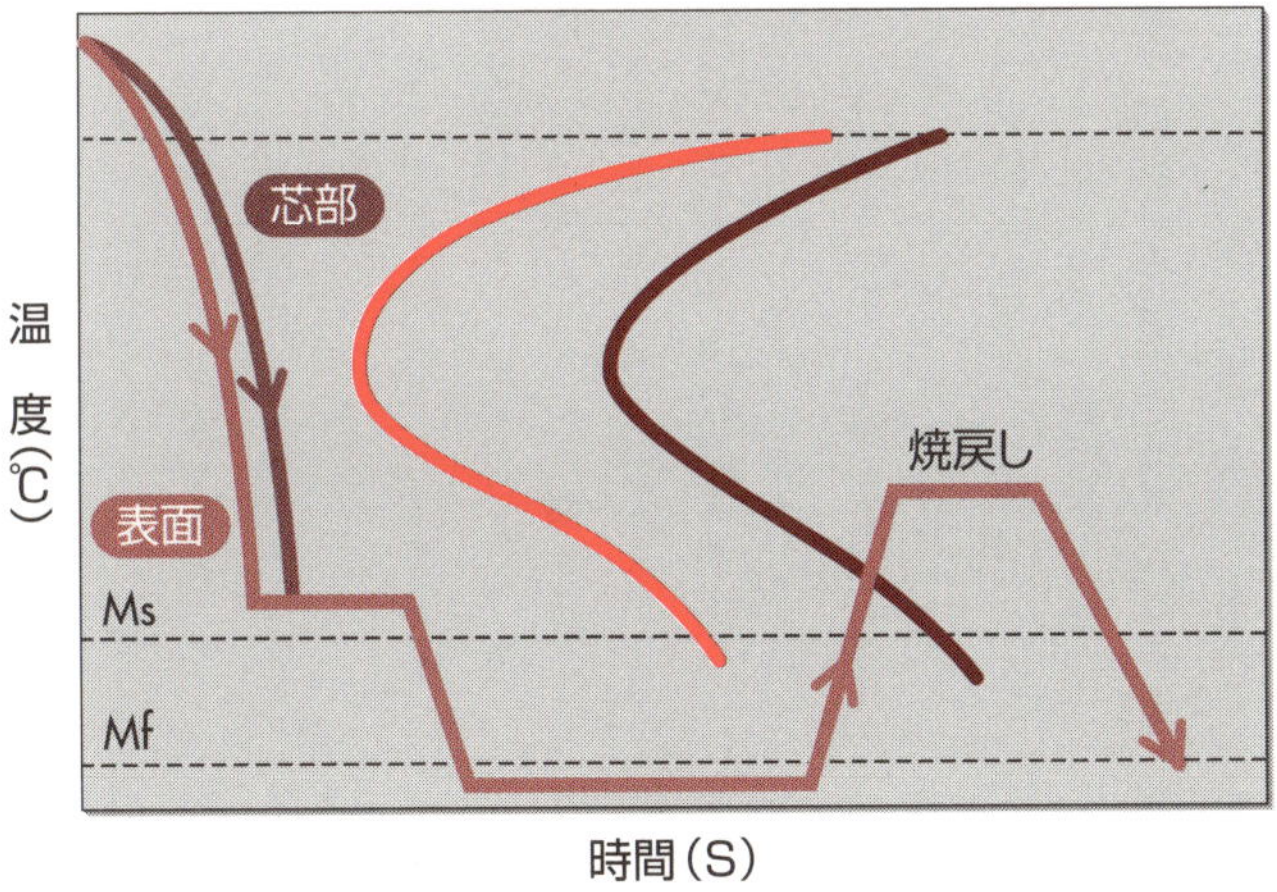

マルクェンチは、まずMs点の直上まで冷却して、表面と芯部の温度を一定し、Mf点まで下げた後に焼戻しを行う。

マルクェンチを行うと変形や焼割れの起きにくいマルテンサイトの組織になる。

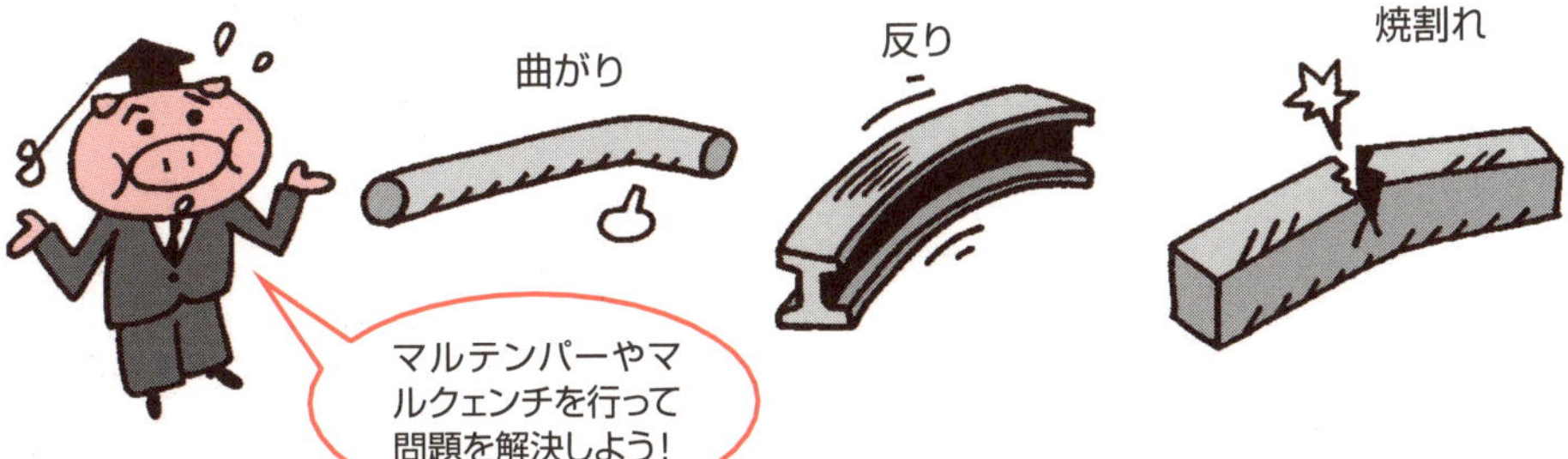

Column

歪み、曲がり対策

熱処理後に歪みや曲がりが出ることは少なくありません。熱処理後に機械加工（切削、研磨など）があり、その修正が可能であればいいのですが、それでも機械工程に時間がかかることや、熱処理の品質（硬化部分の除去など）が確保できなくなります。

とくに問題になる場合は、熱処理がその製品の最終工程になるときです。このとき熱処理の歪みが大きく生じると修正が効かず、製品としては成り立たなくなることもあります。

直径が3mもある大型のリブ付き鋳鋼歯車の歯を1枚ごと、高周波焼入れすることがありました。この高周波焼入れが最終工程です。リブは中心のボスから放射状に8本ありました。当初は順に1枚ごと焼入れしていたところ、外径の周囲が真円から外れてしまい、危うく製品としてダメになるところでした。この歯車は回転速度が遅かったため、歯の精度が落ちても何とか使用できたのです。

そこで次から焼入れする順序を数枚飛びにしたり、中心を対称にして焼入れしたり種々の方法で施工しました。焼入れするごとに歯のピッチ精度を測定し集積し歪みの傾向を調査し、最良の方法を発見しました。歯車を焼入れする場合、歯車についても知識が必要なのです。

2500㎜長の長尺軸を減速機に組み込み現地で使用したところ、1カ月と経たないうちに折損事故が発生したというクレームがきました。

熱処理の不良ではないかという原因調査に駆り出されて調べたところ、その軸に熱処理は施工されていなかったのですが、次のことが判明しました。最終の組立工場は機械工程から送られた軸が曲がっていたので曲がりを直したと言うのです。その方法は軸の凸側の中央部を数カ所バーナで急加熱して赤熱したらすぐ水をかけるという処理でした。これが熟練の組立工がよく行う「お灸を据える」という方法で、曲がりは反対方向にピンと反って直ります。この処理が原因だったのです。

折損した軸は破断面にまだ数カ所の割れが残っていました。曲がり直しをした記録は残っていませんでしたが、この割れにより、何らかの熱処理が行われたことがわかりました。後々のために調査ができるように、何事も記録を残す習慣が重要だと思います。

第6章

表面処理

43 表面焼入れとは

対象物の表面だけの硬さを上げる

焼入れは鋼全体を加熱して急冷する操作が多いのですが、部分的に表面を焼入れすることもできます。それは用途によって、鋼全体を硬くする必要はなく、使用する一部分だけを硬くすればいいわけです。

その例としてポンチがあります。印を付ける部分にポンチの先端を当ててハンマーで打撃を加えます。このポンチの先端部分は摩耗するので、硬さが要求されます。しかし、ポンチ全体が硬くなってしまうと、打撃を加えられたときに折れることがあります。

ポンチは先端部分を短時間でオーステナイトに加熱してから急冷します。加熱に時間がかかってしまうと、ポンチ全体に熱が伝導して一部分だけを加熱することができにくくなります。

簡単な加熱方法は酸素－アセチレンによるガスでバーナ加熱することです。急速加熱が必要なので加熱の範囲が広ければ、容量の大きなバーナを使用しなければなりません。急速加熱したら温度が低下しないうちに（オーステナイトから）急冷します。多くの場合、冷却には水を使用します。この方法を炎焼き入れと言い、表面焼入れの代表的な手法です。

鉄道のレールの踏面（表面）には表面焼入れをしています。レールなどの長い対象物の焼入れには、全体焼入れを行うと折れや曲がりが生じるからで、耐摩耗が必要な個所だけに行います。

この表面焼入れはレール上をレール面に合わせた火口のバーナで移動しながら加熱し、すぐにノズルから噴出する水で冷却する、連続移動の表面焼入れです。バーナの火口は形状に合わせて作ります。

表面焼入れした結果、表面部分は全体焼入れしたときと同様かそれ以上に硬化します。表面焼入れの効果は表面部分が硬くなることだけでなく、急加熱と急冷による圧縮の応力が付随して発生します。これにより硬さを具備した効果よりさらに耐摩耗性が向上し、耐疲労性も改善できます。

要点BOX

- ●バーナで加熱する炎焼入れは、表面焼入れの代表的な手法
- ●表面焼入れは、硬さや耐摩耗性が向上

さまざまな表面焼入れ

ポンチの炎焼入れ

レールの移動焼入れ

歯車のバーナの火口例

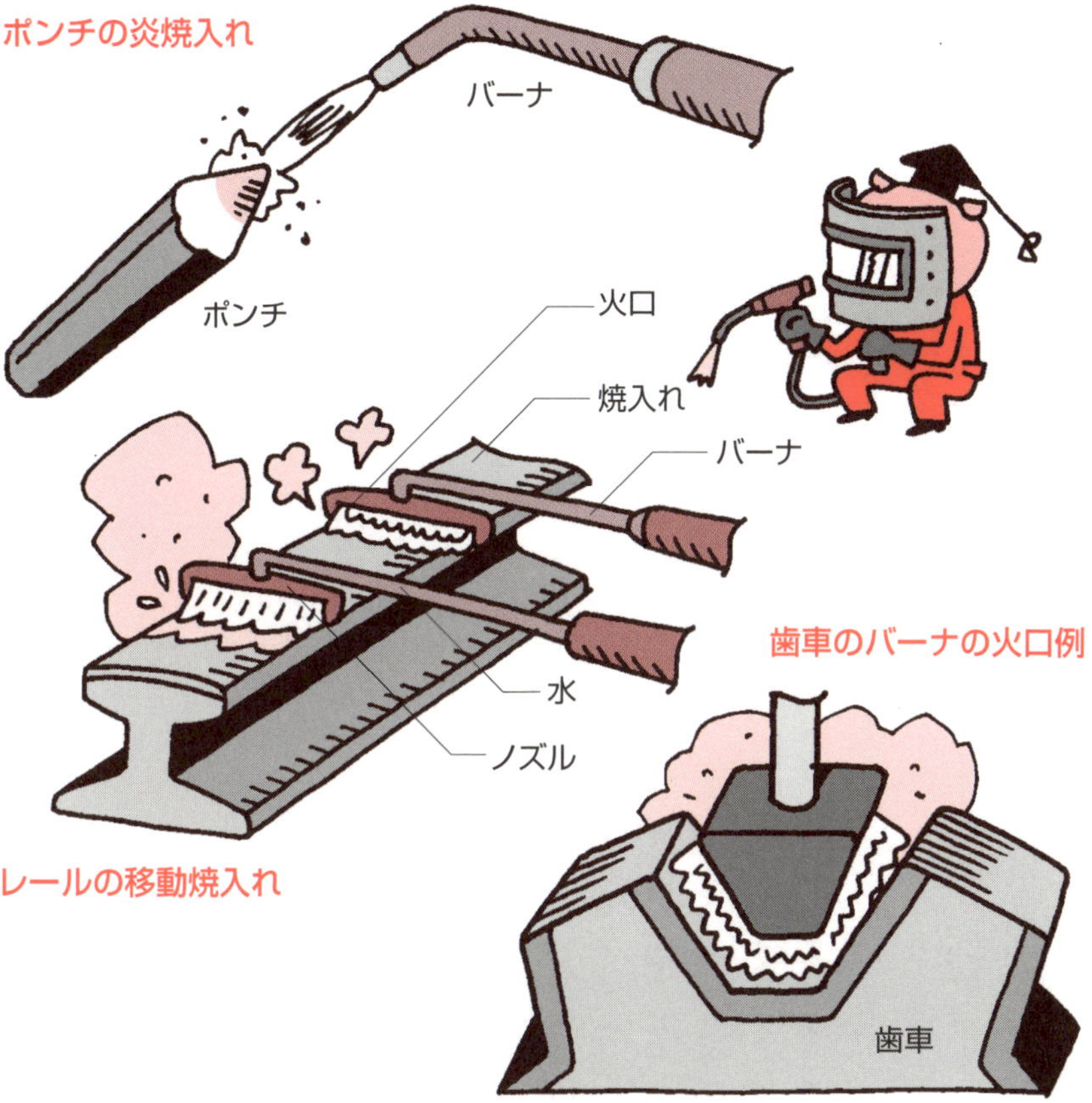

表面焼入れの硬さ

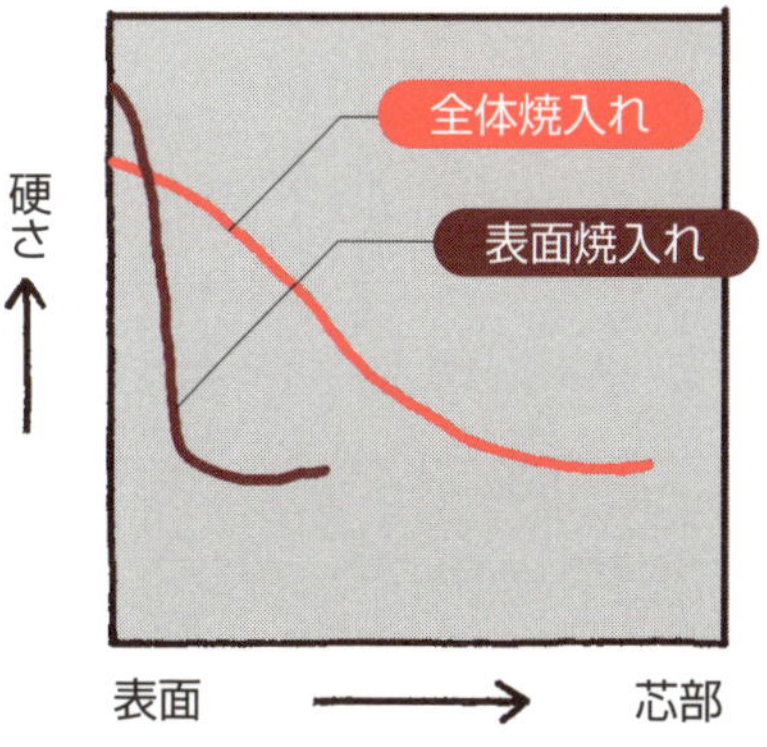

全体焼き入れより、表面焼入れした方が硬さが高くなり、耐摩耗性が向上し、耐疲労性も改善できる。

44 高周波焼入れを行う

高周波による誘導加熱で表面焼入れを行う

表面焼入れは炎による加熱以外でも可能です。高周波焼入れという電気を利用したものがあります。高周波による加熱の原理には誘導加熱を使っています。これは変圧器を利用して一次側に電圧をかけたとき、二次側が無負荷であっても変圧器の温度が上昇することです。一次側の鉄心に生じる磁束が一次側に供給される電流の交番にともなって交番し、鉄心の中のヒステリシス損失と誘導電流による渦電流損によって生じるもので、すなわち鉄損失による発熱です。

図は磁性体の丸鋼の周囲に導線を巻きつけて電流を流したとき、鋼の表面部分に磁束が生じて誘導され二次電流（渦電流）が流れる状況を示します。金属体（鉄）は磁性体でヒステリシスループが形成され、式で示すようなヒステリシス損失が計算できます。誘導加熱はこの鉄損失を利用して鉄の加熱を行います。導線に主に使用するCu（銅）は比磁性体なので誘導による加熱がありません。

鉄に流れる渦電流は断面全体に一様に流れるわけではなく、表面部に集中し内部に向かって減少します。これを電流の表皮効果と言います。この効果は高周波誘導加熱の特徴を示します。この特性を利用すると鋼の表面を短時間に急加熱することができます。

鋼内部に影響する高周波電流の浸透深さが式で求められます。すなわち浸透深さは、鋼の比透磁率や抵抗率が変わらなければ周波数によって決まるので、その選択が必要です。しかし、浸透深さは式で示すように厳密に決定されるわけではなく、実際は鋼の発熱による伝導も加味されるため、加熱時間によっては若干の調整が必要です。高周波による誘導加熱によって鋼の表面がある深さまで急加熱されたあと冷却剤で急冷される過程は、炎による表面焼入れと同じです。

高周波焼入れをする場合は、形状がさまざまな対象物の表面に合うように、また誘導加熱の効率を考慮したコイルを製作しなければなりません。

要点BOX

- 高周波電流の浸透深さはその周波数で決まる
- 高周波焼入れのコイルは対象物の形状に合わせ、効率を考慮する

誘動加熱の原理

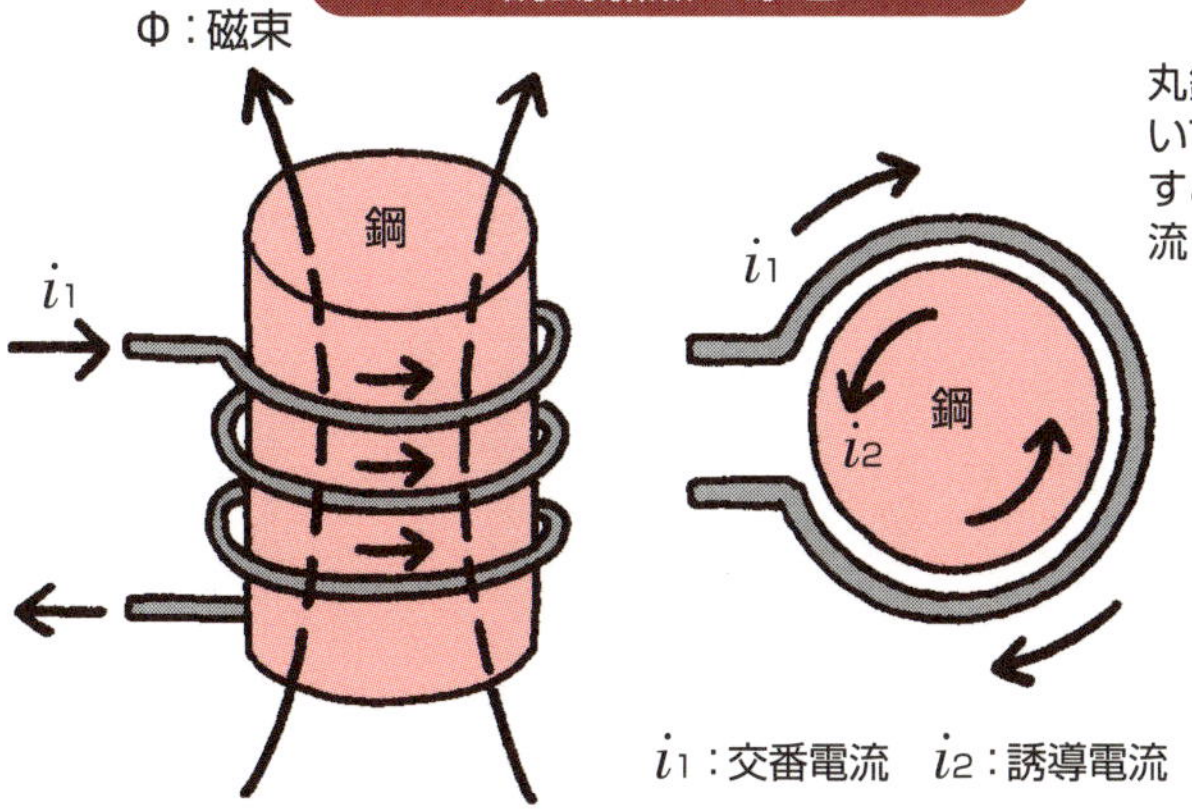

丸鋼の周囲に銅線を巻いて交番電流（i_1）を流すと、鋼の中に誘動電流（i_2）が流れる

ヒステリシスループ

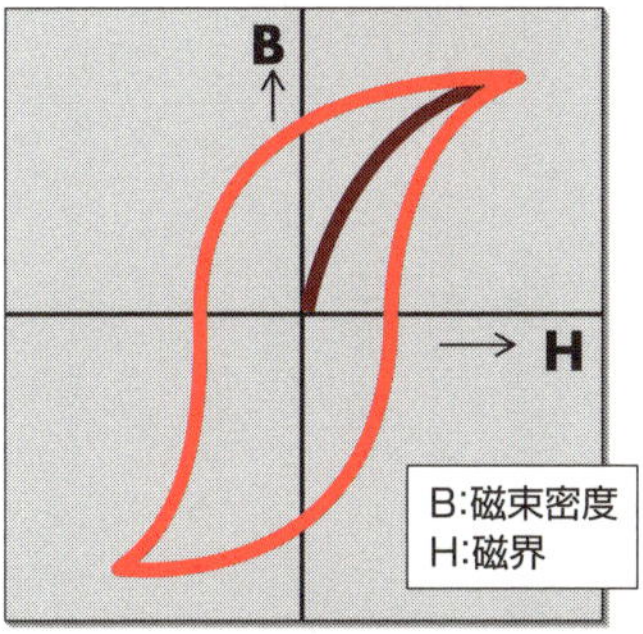

ヒステリシス損失

$P_h = \eta f B_m^{1.6} V$（w）

η　:ヒステリシス係数
f　:周波数
B_m:最大磁束密度
V　:鉄心の体積

高周波焼入用コイルの形

全体一発焼入れ用

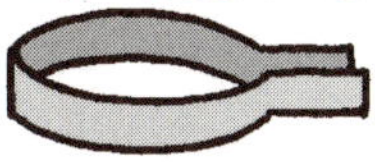

電力投入を大きくして全体焼入れする。

移動焼入れ用

軸用、順次移動焼入れする。電力の投入は小さい。移動速度を制御する

歯移動焼入れ用

歯山の移動焼入れ　歯底の移動焼入れ

全体一発焼入れ用（複巻）

外周、内面の一発焼入れ。電力投入量は比較的小さい

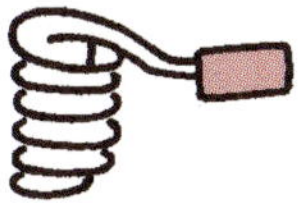

平面焼入れ用

面の一発焼入れと移動焼入れ

出典：「おもしろ金属材料入門」坂本卓、日刊工業新聞社、2000年

用語解説

ヒステリシス損失：磁性体は電流交番により磁束がループを作り、磁束密度が交番により変化すると分子磁石の方向が変わり摩擦熱を発生し熱損失となる。
渦電流損：磁性体を貫通する磁束の変化に比例して、電流が磁性体内を流れ電力損失を生じる。
鉄損失：鉄心（磁性体）の渦電流損失。これを少なくするためには絶縁体を積層する。

45 硬化層深さとは

表面焼入れ後の硬くなった部分の深さ

表面焼入れしたあと、鋼の硬くなった部分の深さはどれくらいになっているか、またその分布は、どのようになっているかが重要になります。

表面焼入れはたとえて言えば、お菓子の最中に似ています。最中の表面は餅米の粉末（白玉粉）を水で練って焼いた硬い殻で作られています。中身は小豆を砂糖で煮て練った餡なのでとくに軟らかく、外から強く押せば殻が潰れて陥没してしまいます。

機械や装置の部品は表面焼入れしたとき、表面は硬くても内部の硬さが急に軟らかくなれば、最中と同じような傾向を示して、部品としての機能を果たさなくなり故障の原因になります。外部の荷重が部品の内部深くまで達すると、その部分の硬さ（硬さは引張強さに比例し、材料の強さと同等と考えた場合）が低ければ、陥没にとどまらず剥離してしまいます。

機械や装置の部品の表面焼入れに要求される条件は、表面硬さとその分布（深さ）です。

その評価方法は、硬化層深さを見ます。硬化層深さには定義が2つあり、それぞれを図に示します。

①全硬化層深さ
②有効硬化層深さ

全硬化層深さは表面焼入れした硬さが及ぶ範囲まで、すなわち材料の元の硬さに達するまでの表面からの深さ（距離）を示します。表面から芯部までの硬さとその分布を示すことができます。この定義を利用する際には、表面の硬さと全硬化層深さを評価するだけで、硬さの分布での評価はできません。

一方、有効硬化層深さは、表面の硬さからある有効な硬さ（限界硬さ）までの範囲を示します。有効硬化層深さは全硬化層深さより浅くなります。限界硬さは鋼が含有する炭素量によってJISで定められています。有効硬化層深さを利用すると限界硬さが基準になるので、芯部に至る硬さの勾配を評価することができます。

要点BOX

- 全硬化層深さは表面焼入れした硬さが及ぶ範囲
- 有効硬化層深さは表面の硬さからある有効な硬さ（限界硬さ）までの範囲

全硬化層深さ

bは硬化深さが浅く分布が急であるため負荷の許容がなく、矢印部Y点で剥離する可能性がある。

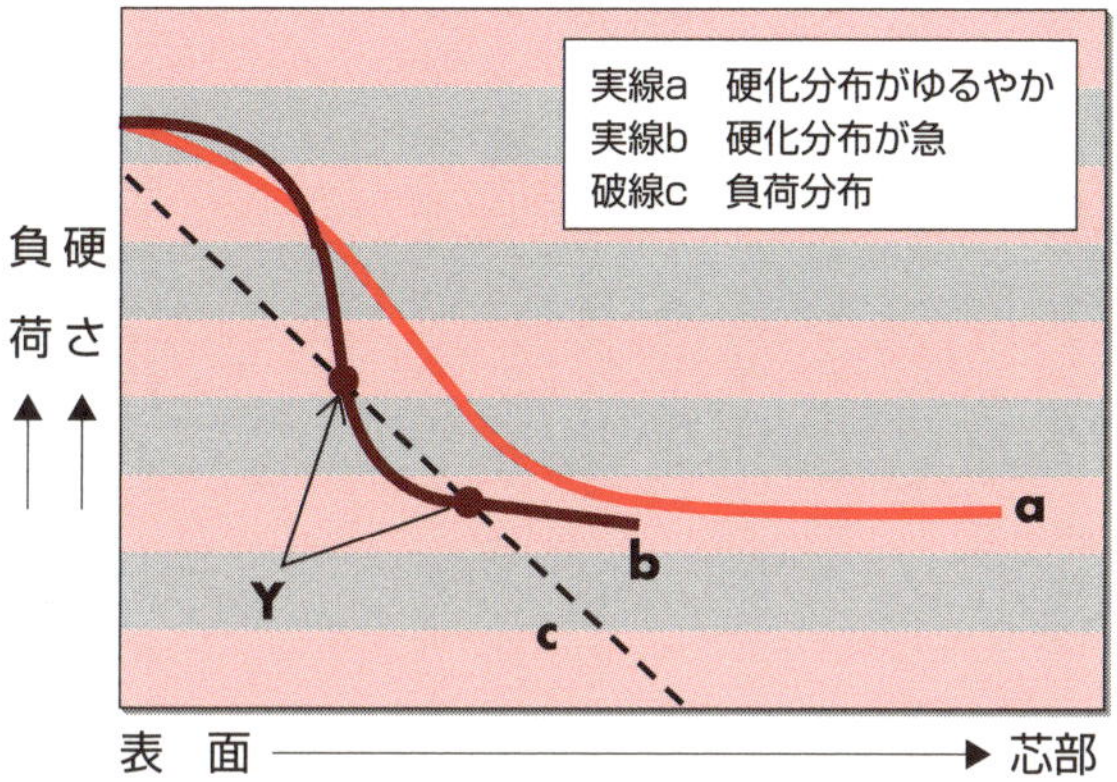

表面焼入れした硬さが及ぶ範囲を全硬化深さという。

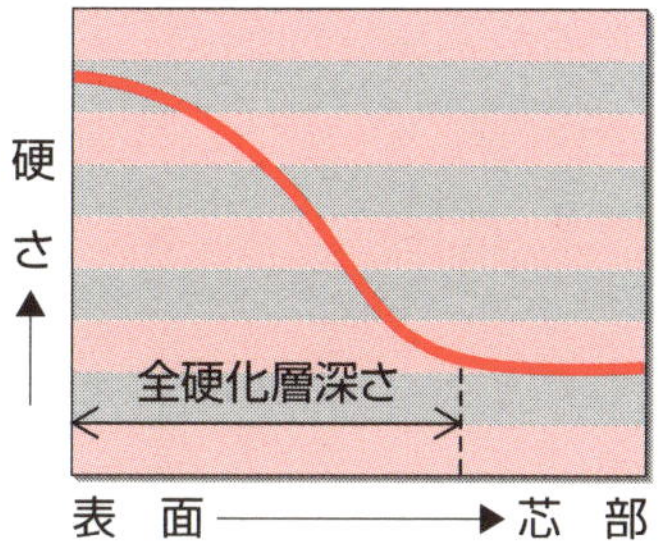

有効硬化層深さ

表面焼入れした硬さからある有効な硬さ（限界硬さ）までを、有効硬化層深さという。

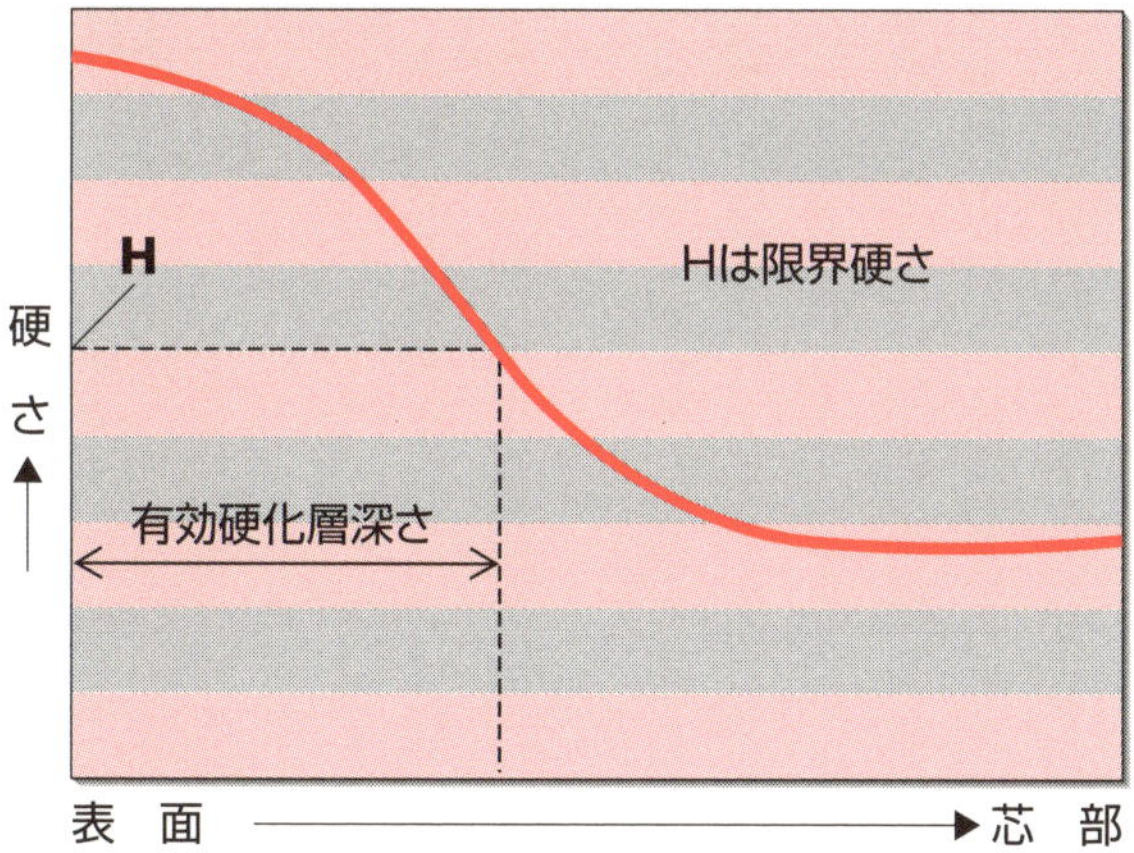

●有効硬化層の限界硬さ

鋼の含有炭素量（%）	ビッカース硬さ（Hv）
0.23≦C＜0.33	350
0.33≦C＜0.43	400
0.43≦C＜0.53	450
0.53≦C	500

46 浸炭焼入れの理論

高温にして炭素を侵入させる

鋼の表面を硬くする方法に浸炭焼入れがあり広く利用されています。浸炭焼入れは浸炭と焼入れの2工程を合わせた方法です。浸炭は読んで字のごとく鋼の表面に種々の形の炭素を侵入させます。

固形浸炭は古くから行われ、炭素源は固体で実際その多くは木炭でした。現在でも木炭は粉末として使用されています。鋼を密閉した耐熱容器に入れて周囲に木炭粉を充填し、蓋をして900℃を超える高温度で長時間保持すると、木炭中の炭素が次第に鋼の表面から侵入し芯部に向かって拡散していきます。固形浸炭はバッチ式で能率が低く、重労働の作業であることや炭素粉末が飛散して工場内の雰囲気が悪くなるため次第に利用されなくなってきています。

2つ目は液体浸炭です。炭素を有する化合物には、炭酸ナトリウム（$NaCO_3$）、炭酸カリウム（KCO_3）などがあります。これらの化合物を種々の比率に混合して500℃前後の温度で溶融します。この溶融液中の炭素が鋼の表面から侵入します。固形浸炭と比較して短時間で浸炭できることが特徴ですが、廃液の処理が問題になります。

3つ目はガス浸炭です。ガスは一酸化炭素ガス（CO）が主成分で、C濃度の調整を行うために水素ガス（H_2）、炭酸ガス（CO_2）などを混合します。鋼を入れた加熱炉に、ガスを導入して900℃以上の高温で長時間浸炭すると炭素が表面から侵入し拡散します。ガス浸炭は作業性が良く、次の焼入炉と連続して行える長所があるため最も多く使用されています。

浸炭には各種の方法がありますが、鋼に炭素が侵入するためには受入れの条件があります。鋼のもとの炭素濃度が低いことが条件で、高いと表面から炭素が侵入できません。低炭素鋼が対象になり、およそ0・25%以下の鋼で浸炭鋼あるいは肌焼鋼と言います。

浸炭した鋼は次の工程で焼入れを行います。この浸炭と焼入れの工程が浸炭焼入れです。

要点BOX

- ●固体の炭素源を使う固形浸炭は効率が悪い
- ●廃液の処理が問題になる液体浸炭
- ●COガスが主成分のガス浸炭は作業性が良い

浸　炭

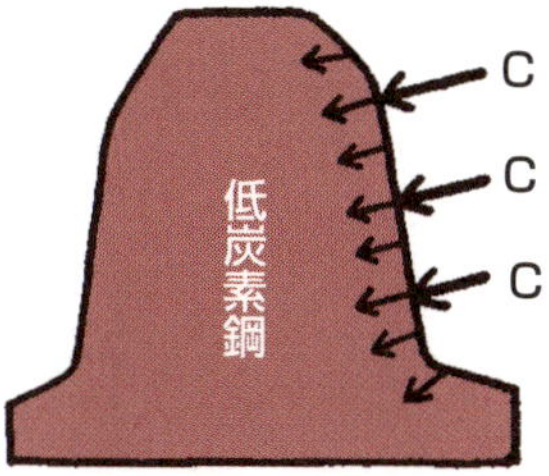

表面に炭素を浸透させる

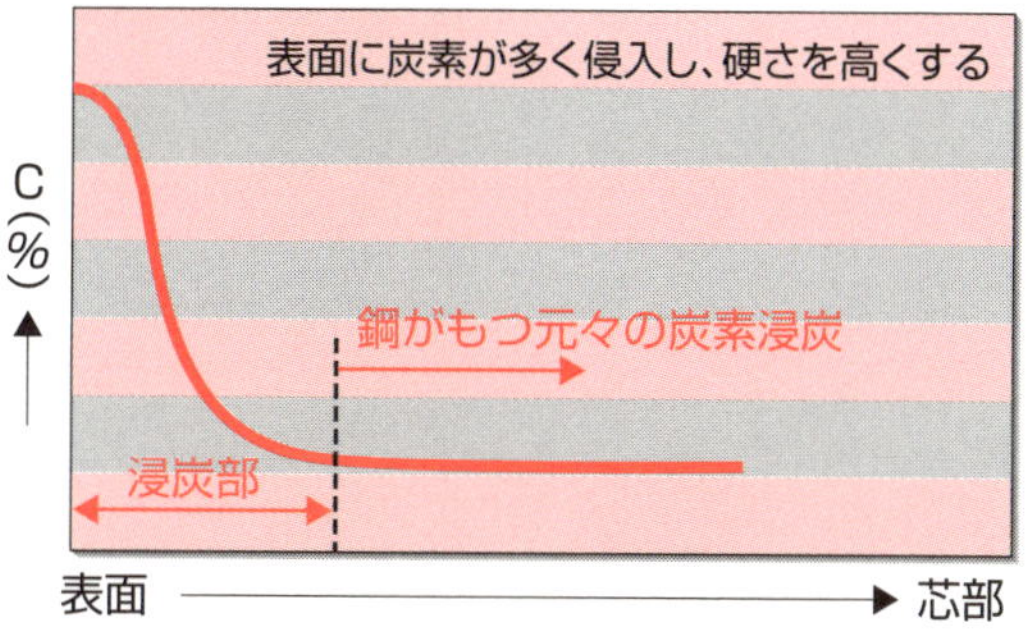

固形浸炭（900～950℃）

固形の木炭粉末を用いて鋼の表面を浸炭する

木炭粉末の助剤に
$BaCO_3$を加える

液体浸炭（500～550℃）

炭素を有する化合物の液体の中に鋼を入れて浸炭させる。

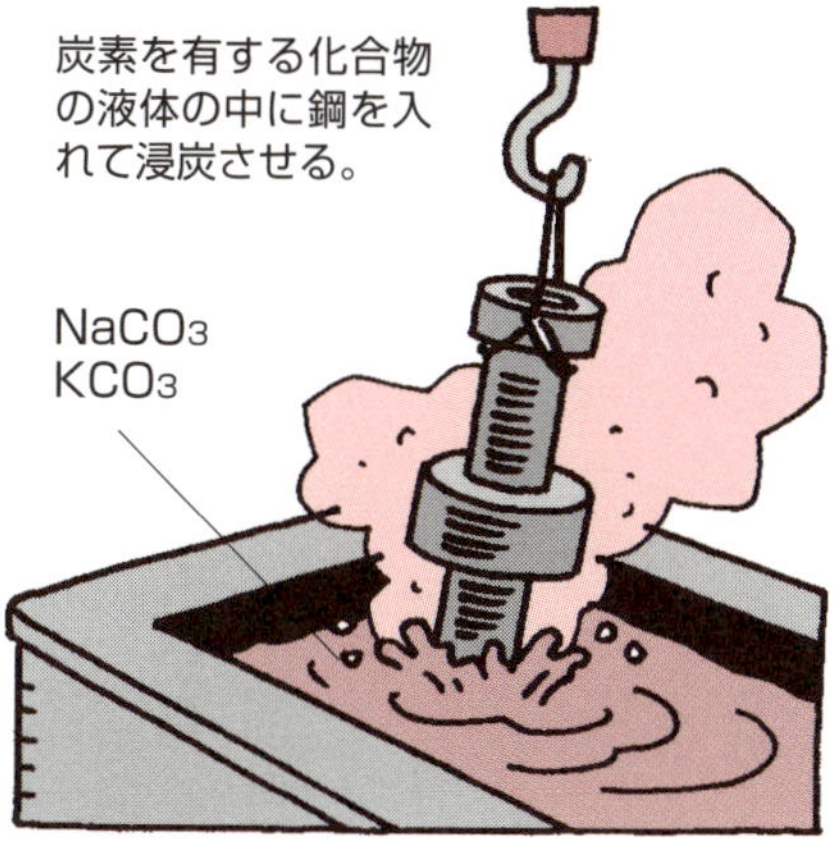

ガス浸炭

排ガス（燃焼）
CO、CO_2、H_2

ガス浸炭は作業性が良いため、最も多く利用されている。

47 浸炭焼入れの実際

充分な浸炭深さを得るための工程

長時間かかる浸炭の時間と表面からの浸炭深さの関係は実験式で求めることができます。浸炭は一般に900℃から950℃のオーステナイト域で行います。浸炭速度は温度と比例するのでもっと高温で行いたいのですが、鋼の結晶粒が大きく成長して材質が脆化するのため限界があります。

浸炭焼入れする対象物は前もって機械加工し、加工表面を洗浄脱脂したあと、浸炭炉に挿入します。炭素濃度が高い浸炭炉内では、高温になるに従って徐々に浸炭が始まり、規定の浸炭深さになるまで温度を保持したあと炉外に出して冷却します。浸炭では切断用の小テストピースを同時に入れて浸炭深さを確認します。

次は焼入工程です。再度加熱炉に挿入してAc_3点直上で一次焼入れを行います。焼入方法は一般の焼入れと同じです。浸炭した鋼は表面部とその近傍が炭素濃度0・8%前後で、芯部は低炭素なので一種の複合材になります。一次焼入れは芯部に適する焼入温度であり、充分に材質が強化されます。

次に二次焼入れを行います。焼入温度はAc_1点直上です。二次焼入れの目的は、鋼表面とその近傍を充分にマルテンサイトに変態させ硬くさせることです。二次焼入れでオーステナイトが残留することがあり、サブゼロ処理をして完全にマルテンサイトに変態したあと低温焼戻しを行います。浸炭焼入れの目的は硬さを最優先するので、焼戻温度は低温の150℃から200℃程度になります。

一次と二次の焼入れ工程を合理化して、浸炭したあとすぐに焼入れする直接焼入れの方法が多くなってきました。その理由は鋼の純度が良質になったからです。一次焼入れによる芯部の素地の強化がやや減じられますが、熱効率と作業性に優れるため有用されています。

浸炭焼入れしたあとの硬さは表面やその近傍の浸炭部分が高炭素なので、炭素濃度に応じたマルテンサイト量が生じて非常に硬くなります。

要点BOX

●浸炭焼入れは、前処理→浸炭→一次焼入れ→二次焼入れの工程で行う。一次と二次の工程を1つにした直接焼入れの方法が多くなってきた

浸炭深さと浸炭時間の関係式

浸炭深さは、浸炭条件と浸炭時間に比例する。

$d \propto k\sqrt{t}$	d：浸炭深さ（mm） k：浸炭条件による定数 t：浸炭時間（H）

浸炭焼入れの熱履歴

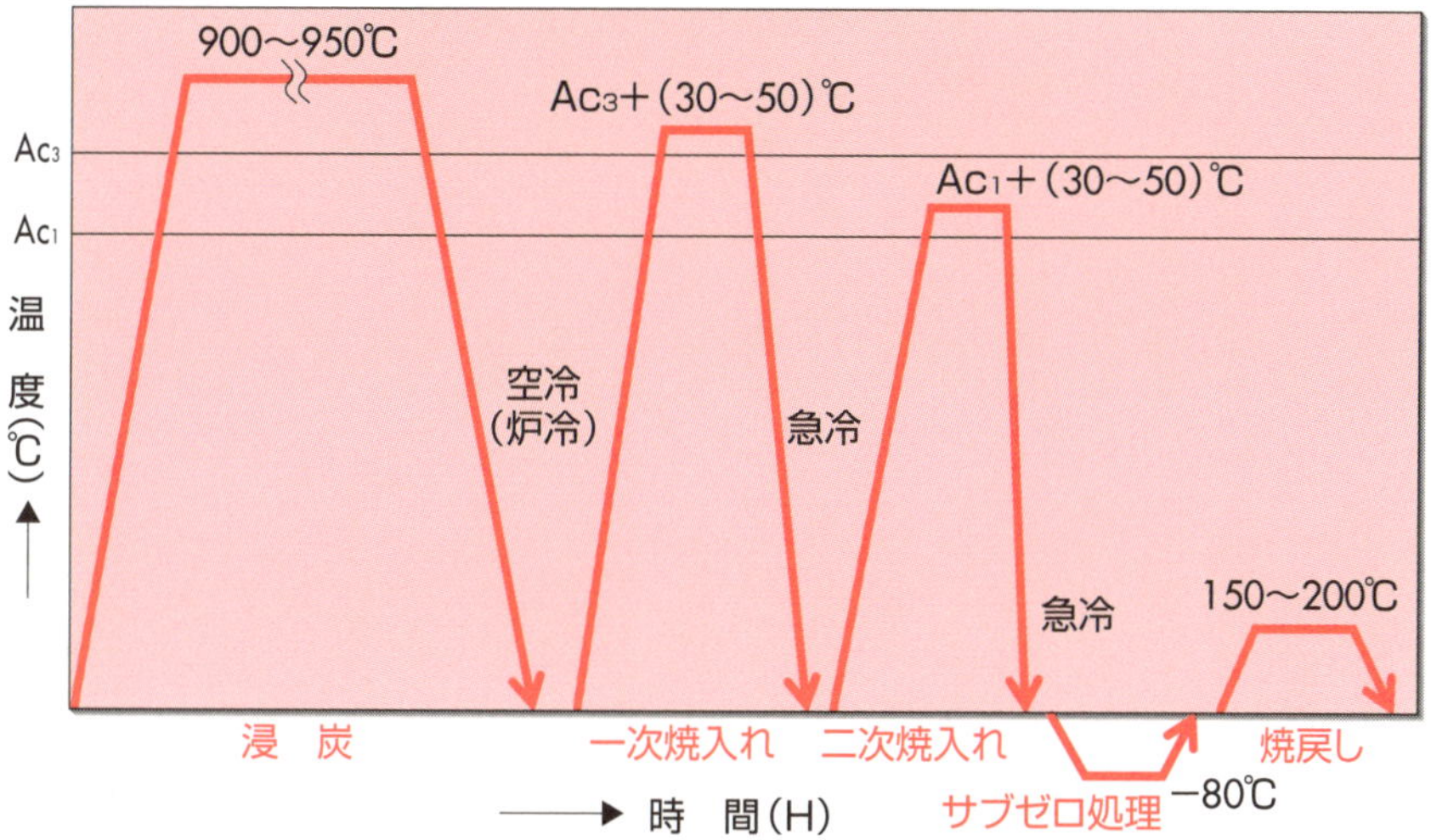

浸炭直接焼入れの熱履歴

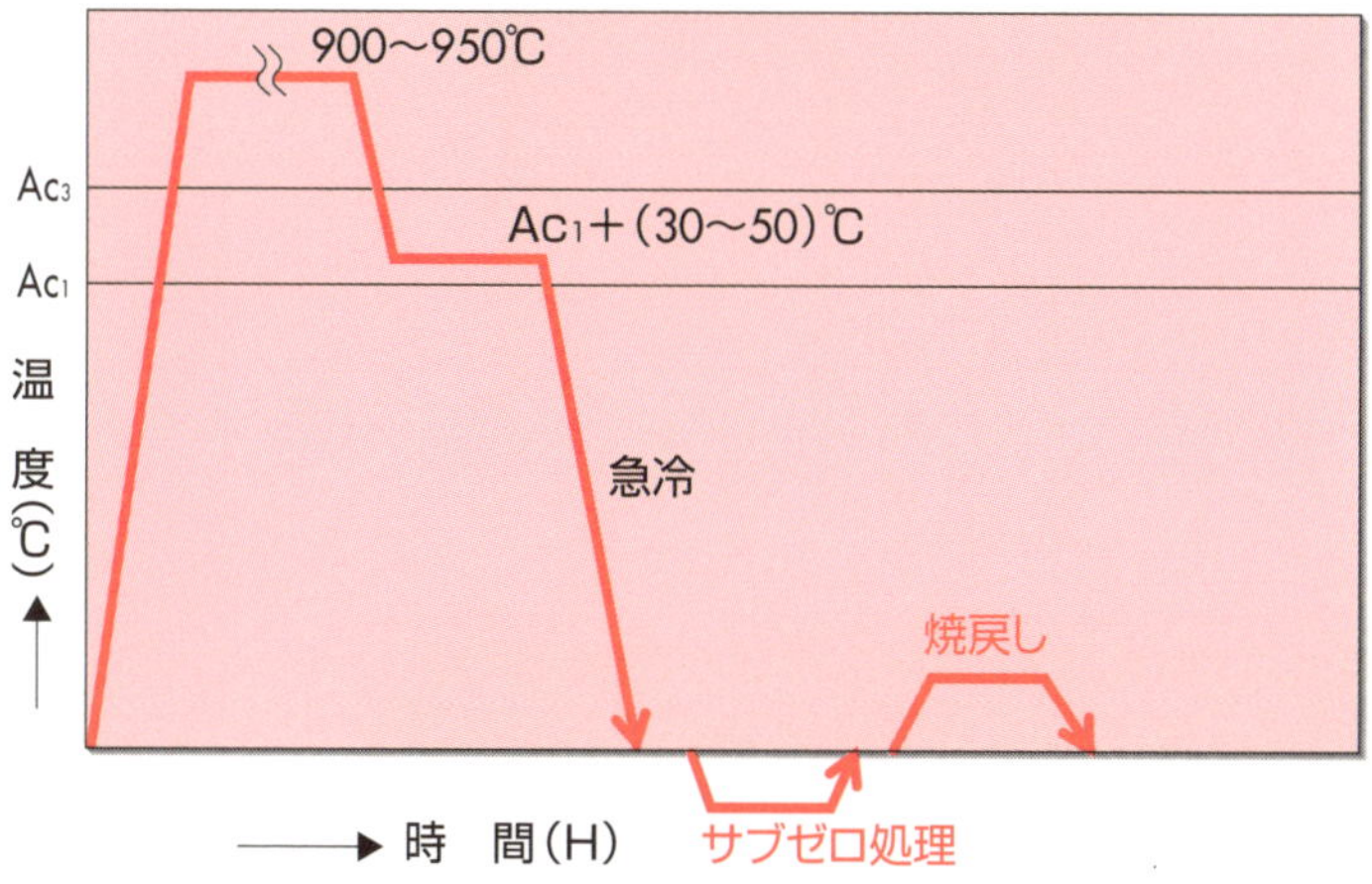

浸炭後続けて焼入れを行うことで、熱効率と作業性の向上になる。

48 浸炭焼入れの組織

表面と芯部の組織の違い

浸炭焼入れの組織を観察してみましょう。

浸炭ではオーステナイト域で炭素を侵入させます。侵入した時点で表面部はオーステナイトですが、冷却するとパーライトとフェライトの混合組織になります。そのうち表面部とその近傍はパーライト中のセメンタイトが多い組織です。炭素濃度が0・8％で共析鋼になり、濃度がそれ以上であれば過共析鋼と同じ組織になります。炭素が芯部に拡散するに従い亜共析鋼から低炭素鋼へと次第に変化し、芯部はセメンタイトの少ないパーライトが少量とほかはすべてフェライトです。

浸炭では表面の炭素濃度を共析鋼以上の炭素量のおよそ0・8％から高くても1・2％にします。炭素量が多ければマルテンサイトの硬さが高く、耐摩耗性が良好になるからです。しかし炭素が1・2％と高濃度になると表面部とその近傍にセメンタイトが多くなり、しかもセメンタイトがネット状に連結して網目を形成します。網目状セメンタイトが生じると表面部が剥離する原因になります。

一次焼入れはAc_3点直上で加熱するので、表面部も芯部もオーステナイトから急冷され、すべてマルテンサイトに変態します。ただし芯部はその量が少なくなります。次の二次焼入れはAc_1点直上で、加熱時は表面部とその近傍がオーステナイト、芯部はオーステナイトとフェライトの混合組織です。よって焼入れ後は表面およびその近傍がマルテンサイトに変態し、芯部は一部がマルテンサイトでほかの変態はなくフェライト組織のままです。

このような組織に変態したとき表面とその近傍は硬く、芯部は軟らかくなる特徴を示します。この硬さの勾配と芯部の靭性が浸炭焼入れの目的です。

浸炭焼入れは表面の硬さを利用して歯車、カム、ローラなど耐摩耗が要求される部品に使用しますが宿命的な欠点があります。それは200℃を超える雰囲気温度では硬さが急速に低下して摩耗が進むことです。

要点BOX
- ●浸炭焼入れの目的は表面の硬さと芯部の靭性
- ●浸炭焼入れの欠点は200℃を超える雰囲気温度では硬さが急速に低下して摩耗が進む

浸炭焼入れの組織

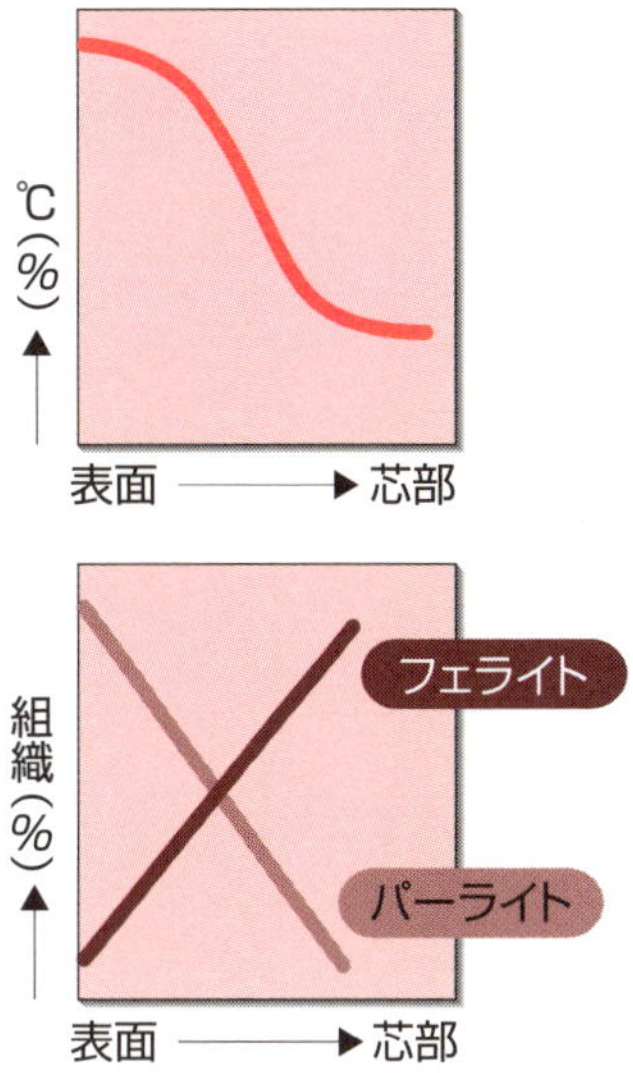

網目状セメンタイト

白色：セメンタイト
黒色：パーライト

浸炭焼入れを行うと表面ではパーライト（セメンタイトが多い）組織で、芯部ではフェライトの多い組織となる。

浸炭品の焼入温度

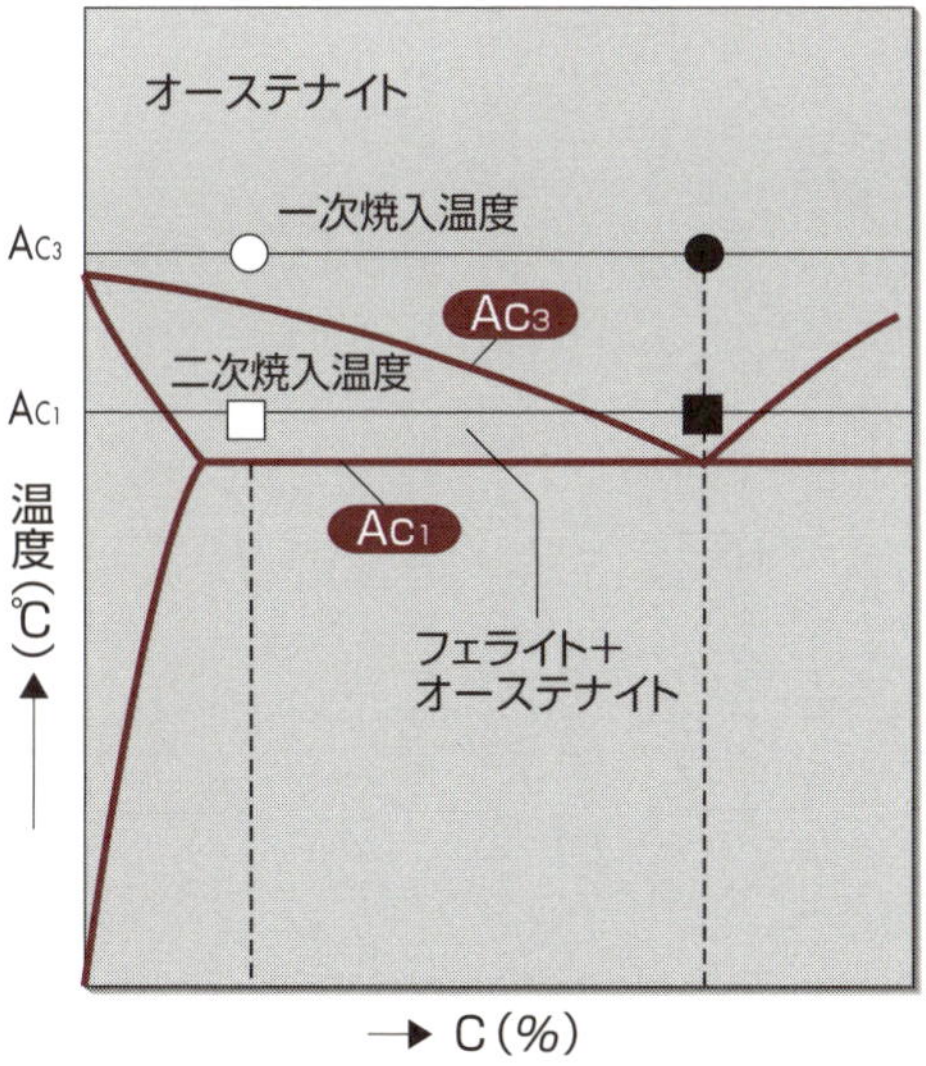

白丸印：一次焼入れ時の芯部
（オーステナイト→マルテンサイト）

黒丸印：一次焼入れ時の表面部
（オーステナイト→マルテンサイト）

白角印：二次焼入れ時の芯部
（オーステナイト＋フェライト
→マルテンサイト＋フェライト）

黒角印：二次焼入れ時の表面部
（オーステナイト→マルテンサイト）

49 ガス窒化で表面硬化を行う

窒素により表面を硬くする

窒化により硬さを得る表面焼入れがあります。これはアンモニアガス（NH_3）を利用する方法で、密閉した加熱炉にガスを導入して鋼の表面からN（窒素）を侵入させます。Nは原子半径が小さいので鋼内部に侵入でき、Feと化合してFeNを形成します。FeNは非常に硬い窒化化合物です。ガス窒化はNがFeや他の元素と化合して生成物を生じ、高い硬さを得るための方法です。他の元素にはAl（アルミニウム）がありAlNはFeNより硬い化合物です。ガス窒化はこのように化合物の硬さを利用するもので、焼入れによるマルテンサイト変態を期待するものではありません。

ガス窒化は、まず対象物を精密に機械加工して仕上げたあと洗浄脱脂して加熱炉に挿入します。密閉した加熱炉にNH_3ガスを導入し温度を上げます。ガスは鋼の表面から侵入しながらFeと反応し化合物を形成します。残ったガスは加熱炉外部に排出して燃焼します。NH_3ガスを使う場合は刺激が強いので、加熱炉の密閉と排出ガスの燃焼に留意しなければなりません。

加熱炉中の保持時間はNの侵入・拡散が遅いので、50〜100時間かかります。こうしてできた鋼表面の化合物層は厚さが0・2〜0・3㎜程度で、浸炭と比較すると1桁薄くなります。しかし、浸炭焼入れしたマルテンサイトと比較して非常に硬く、ビッカース硬さで1000以上あります。

ガス窒化した鋼の表面は銀白色で美しく光沢があります。また浸炭焼き入れは高温で処理する方法ですが、ガス窒化は500℃と低温のため、寸法変化が少なく変形や歪みが出にくい長所があります。

ガス窒化の最も良い特性は耐熱性が優れることです。それは500℃程度の処理なので、その温度以下までの高温雰囲気でも化合物が安定して分解しません。

窒化は液体で行う方法もありますが廃液処理が困難です。最近は放電を利用したイオン窒化法も開発されています。

要点BOX

- ガス窒化はNH_3ガスを利用
- ガス窒化は化合物の硬さを利用
- ガス窒化の最も良い特性は耐熱性が優れる

ガス窒化の熱履歴

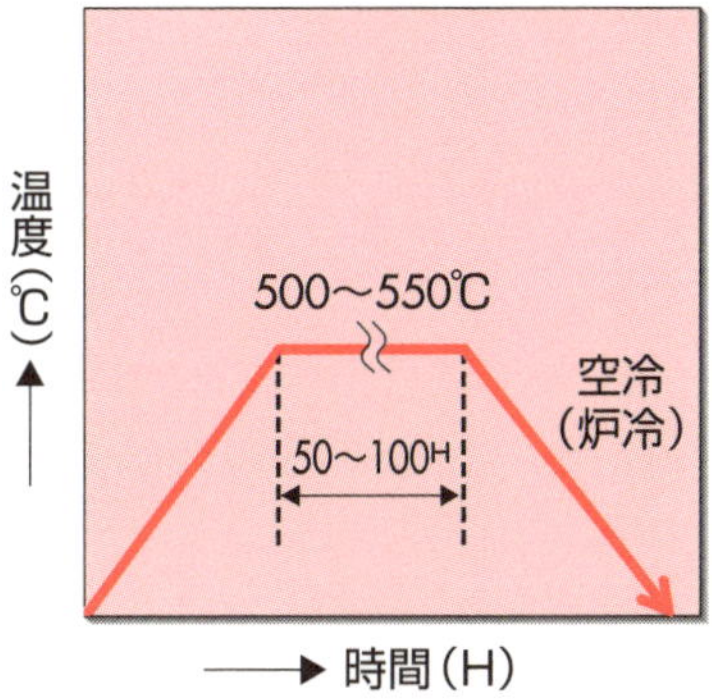

ガス窒化は低温で行うため、鋼の寸法変化が少なく変形や歪みも出にくい。保持時間は窒化層の深さによる。

硬さと深さの評価

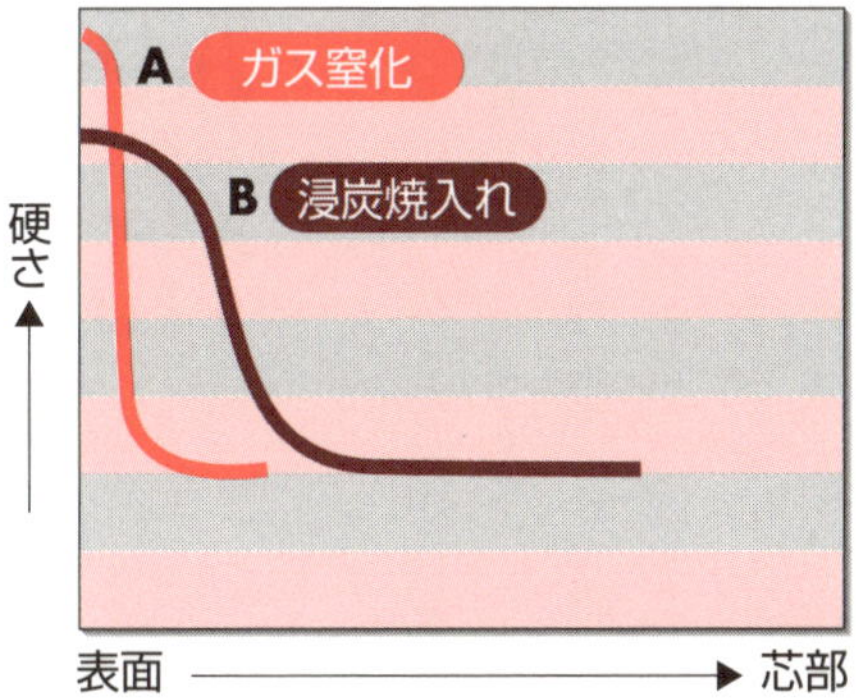

ガス窒化は鋼表面の化合物層は薄いが、浸炭焼入れしたマルテンサイトより非常に硬い。

ガス窒化炉

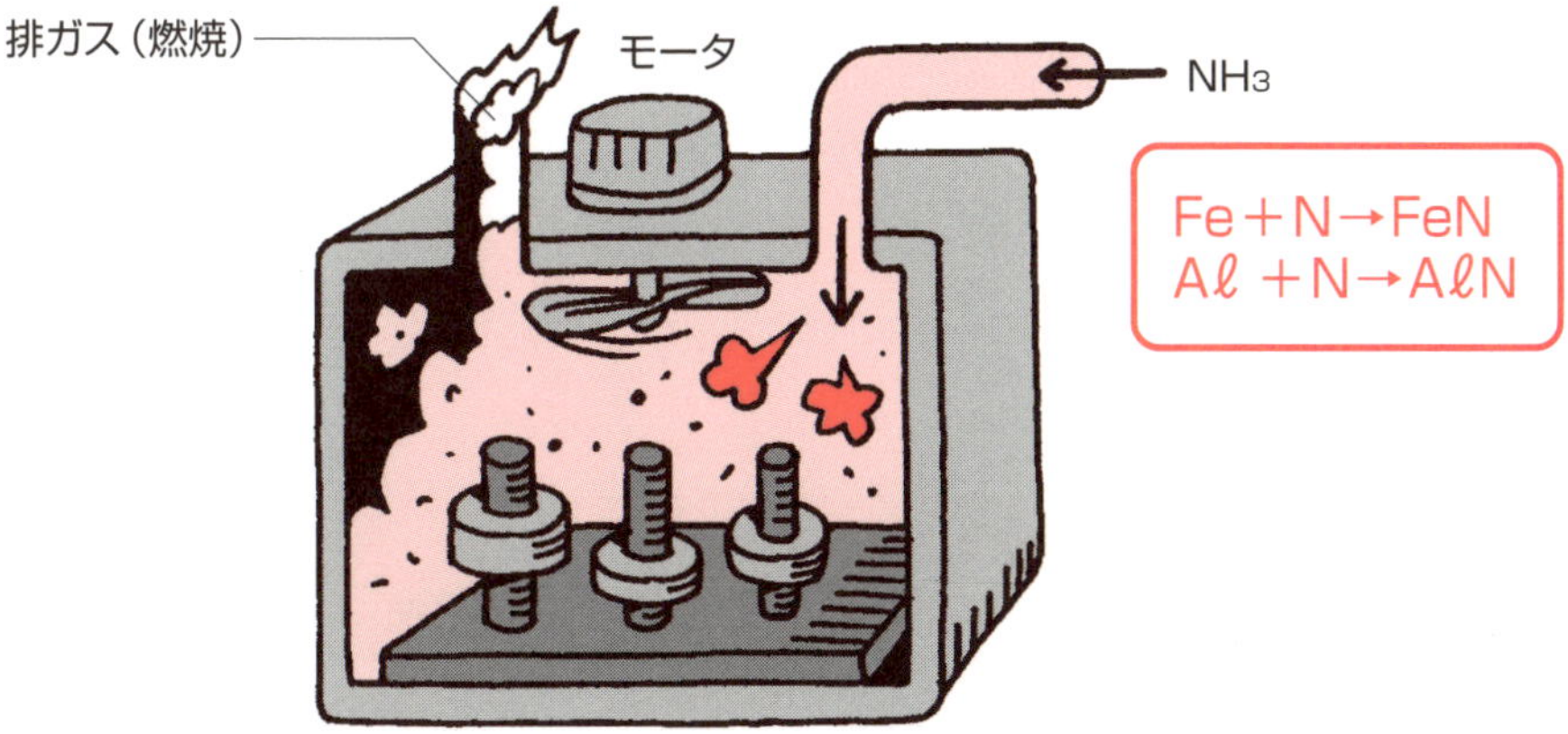

50 ショットピーニングで表面を硬化

細かい鋼球や砂で表面を硬化させる

ガラス工芸の体験教室などで、ガラス表面に模様を描く光景をよく目にします。これは、細かい砂を当ててガラス表面を削って模様を描いているのです。これは、サンドブラストと言いガラス工芸ではよく使われる方法です。

ショットピーニングは鋼の表面に鋼球を衝突させる方法で、一種の表面硬化処理です。ショットピーニングはショットブラストあるいはサンドブラストとも言います。それは鋼球のほかにサンド(砂)を使用する方法を含めて総称するからです。また鋼球は数十種類の硬さや大きさ(サイズ)があります。

鋼にショットピーニングをするとその表面はどうなるのでしょうか。

薄い板材や細い線材にした鋼は、決まった部分に曲げを繰り返すと最初は軟らかいので簡単に加工できますが、次第に大きな力が必要になり熱も生じてきます。そして曲げた部分が硬くなり、ついには折れてしまいますが、それは曲げによる変形ができるからです。この現象は塑性変形により生じる加工硬化です。

ショットピーニングは加工硬化を利用した鋼表面の塑性変形です。鋼表面に及ぼす硬化度(硬さと深さ)は、次の3つによって決定されます。

①鋼球の硬さ
②鋼球の大きさ
③鋼球の噴射速度

鋼にショットピーニングを施工すると、表面部が加工硬化するとともに圧縮の残留応力が発生するため、荷重を軽減するとともに疲労限が向上します。焼入れや化合物を形成した硬さを利用する方法ではなく、冷間で行う鋼の最表面のみの硬化です。この方法はばね鋼によく応用されます。

ショットブラストではショットに砂を使用し、鋳物品の鋳肌や板材で溶接した缶物の内外面を清浄化するために多用しています。

要点BOX

- ●鋼表面を塑性変形させるショットピーニング
- ●ショットピーニングによる硬化度は、鋼球の硬さ、鋼球の大きさ、鋼球の噴射速度で決まる

ショットピーニングの原理

鋼の表面に回転したインペラ（または高圧エア）で、鋼球や砂を投射して、表面硬化をうながす。

ショットピーニングによる表面硬さの増加と深さ例

材　質	加工前硬さ（Hv）	加工後硬さ（Hv）	硬化の深さ（mm）
浸炭焼入鋼	764	1012	0.32
高炭素Cr焼入鋼	610	925	0.40
Ni-Cr鋼	345	395	0.30
Ni-Mn-Crオーステナイト鋼	210	497	0.62
Al青銅	163	305	0.50
ジュラルミン	105	173	0.50

※ただし、直径1mm鋼球による

参考：「鉄鋼材料便覧」日本鉄鋼協会編、日本金属協会、1974年

この厚顔無恥め！
だって、顔に
ショットピーニングして
鍛えてるもん！？

51 その他の表面処理

耐熱、耐食などの目的でさまざまな方法がある

鋼の表面処理はさまざまな方法が実用化されています。一般的なものに電気メッキがあります。電気メッキの材料にはAu（金）、Sn（錫）、Cr（クロム）、Ni（ニッケル）など数多く使います。メッキをする目的はAuのように表面の装飾だけではなく、Crのように耐食性や耐摩耗性の付加があります。メッキには電気を用いず溶融金属の中に浸漬する方法もあります。

S（イオウ）化合物を600℃以下で溶融した液中に鋼を浸漬し、鋼表面にSを侵入・拡散させ硫化物層を形成させる浸硫法があります。硫化物は滑り摩耗に良い効果を示し、切削用工具などに適しています。

鋼の表面に溶融した金属を吹き付ける金属溶射があります。使用する金属は、耐食や耐摩耗などの目的に合わせて多数選ぶことができます。溶射する金属を酸素—アセチレン炎で溶融して、粗くした鋼表面に瞬時に勢いよく吹き付けて固着させます。

最近とくに多用されている金属浸透法は、金属表面からある金属を内部に拡散させる表面加工です。金属表面の層には元の金属と拡散した金属の合金が形成されます。浸透・拡散する方法には、粉末でパックして行う粉末法、金属ガスを作って密閉加熱炉で反応させる気体法、あらかじめメッキしておき加熱炉で拡散する方法があります。この方法で実用化されている金属はAl（アルミニウム）、Cr（クロム）、Si（珪素）、Zn（亜鉛）で耐熱や耐食など目的によって使い分けます。

Alによる浸透はカロライジングと言い、浸透法の中で最も使用されます。これは粉末法が多く、粉末Alと塩化アルミニウムを少量添加して加熱炉に挿入し、900℃で5時間前後加熱します。鋼の場合、第一段階で100μm程度のFe-Al合金層を生成させたあと、第二段階で900℃から1000℃で約50時間拡散すると、合金層は1㎜近くまで増加します。ほかにはCrがクロマイジング、Siがシリコナイジング、Znがシェラダイジングと言い実際に使用されています。

要点BOX

- 表面処理には電気メッキ、浸硫法、金属溶射、金属浸透法などが実用化されている
- 金属表面の層に合金を形成する金属浸透法

浸硫法の効果モデル

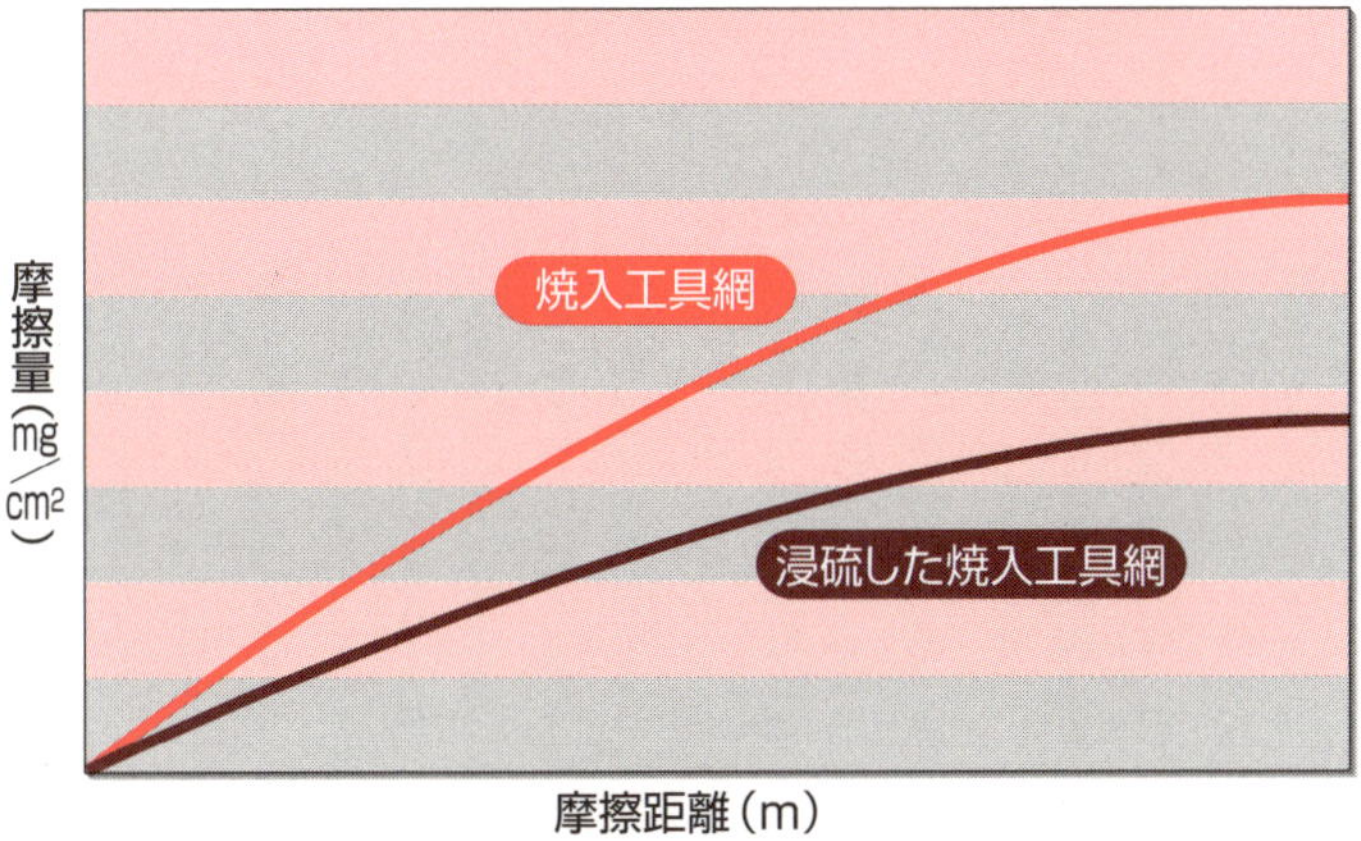

切削用の工具などに浸硫法を用いると耐摩耗性が増す。

金属溶射法

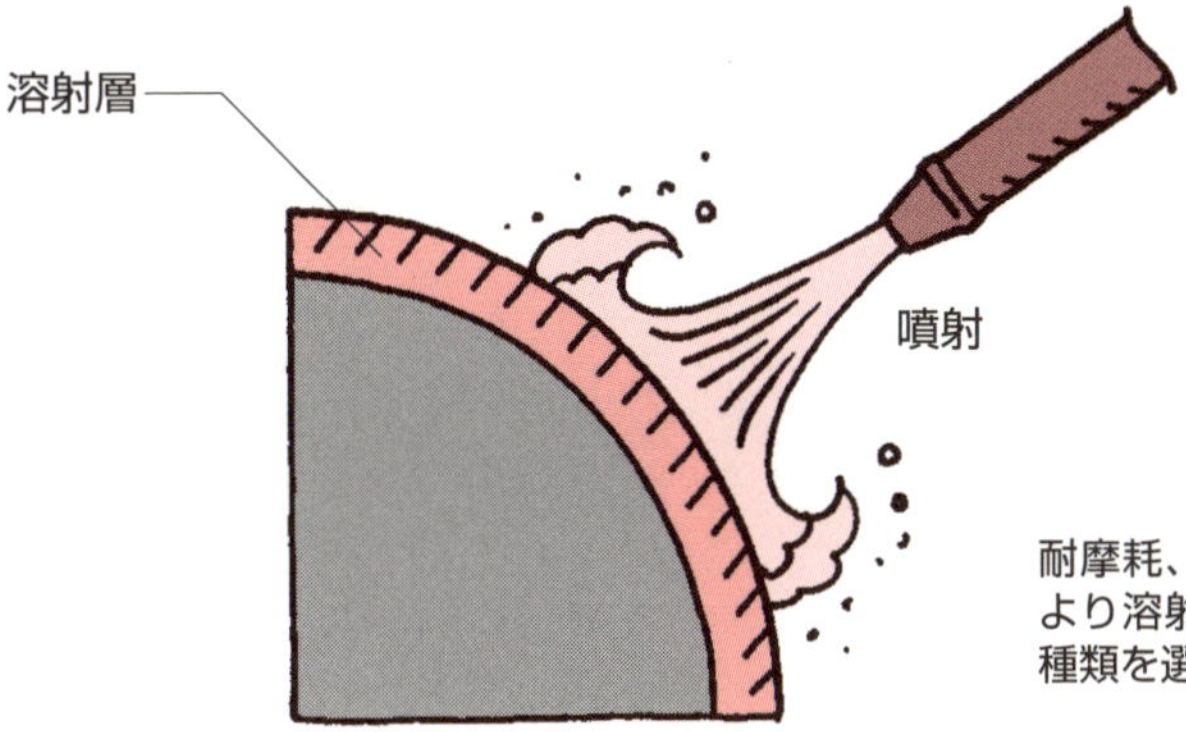

耐摩耗、耐食、耐熱の目的により溶射する金属や化合物の種類を選ぶ。

金属浸透法の目的

浸透法	浸透金属	目　的
カロライジング	Al	耐食
クロマイジング	Cr	耐食、耐摩耗
シリコナイジング	Si	耐熱、耐摩耗
シェラダイジング	Zn	耐食

Column

焼きイモ作り

焼戻し専用の炉（焼戻炉）は変態点（723℃）以下で使用する仕様です。主に使う温度範囲は焼入れの性質を活かすため、150℃から200℃前後と、調質を行う高温の600℃前後です。

温度の選択は現場で使い分けて作業を行っています。そこで、低温用の焼戻炉を使ってサツマイモを焼いたふとどき者たちがいました。監督者が誰もいない頃を見はからい、自宅から持ち込んだサツマイモで温度を変えて試験したのです。

焼きイモの試験結果は、サツマイモの種類によって一定ではありませんが、180℃前後が最も良いということでした。炉内は耐火断熱煉瓦で囲っているため、おそらく遠赤外線が放射され、ホクホクの焼きイモができるのでしょう。イモの保持時間は熱伝導が良いため、鋼のように保持時間を長くとる必要はなく、炉内温度が設定値に到達すると扉を開けて取り出せばよいのです。焼きイモを製造していると、そのときの香り高い匂いが隣の機械工場にも伝わり、ほかの職場の作業者が用もないのに集まってきました。みんな、この焼きイモが目当てで、夕方の小腹が空いたときにぴったりのおいしいイモでした。

ただし、老朽化した炉を使用したときは、イモでも内部の焼け方が均一ではなかったようです。これは、炉内の温度が一様に分布してないためでした。旧式の炉は炉内の空気を撹拌する機構はなく、発熱体（ヒータ）の取り付け密度とその位置で炉内の温度分布を許容値に収める仕様のため、能力に限界があったためでした。

一方、新型炉は炉内に撹拌用のファンがあるため、温度分布の精度が高くなっています。保守のために、ファンの軸受に潤滑油を注油する必要があります。また浸炭炉のように高温（900℃以上）では、耐熱鋼でファンを製作しても劣化が早くなります。炉の使用中にファンのプロペラが吹き飛んだりすると、製品に傷をつけたりするので、定休日に炉内に入ってファンを点検しなければいけません。

1日くらい炉を止めても炉内は熱く、点検のために炉内に入ると全身が焼けたようになります。これが焼きイモならぬ焼き人間だと、焼きイモ作りを教えてくれた先輩からよくからかわれたものです。

第7章

各種の鋼の熱処理

52 焼入性を向上させた強靱鋼

機械構造用炭素鋼に合金元素を添加

機械構造用炭素鋼（以下、炭素鋼）は主成分がFe以外にはCだけです（ただし、Si、Mn、P、Sを微量に含有）。この炭素鋼は使いやすく最も多く使用されています。しかし、熱処理を行っても強度や靱性に限りがあり、質量効果が大きく焼入性が小さいという欠点があり、使用先は当然小物部品になります。

そこで炭素鋼の機械的性質を補い、焼入性を向上させる目的で強靱鋼（合金鋼もしくは特殊鋼とも言う）の開発が行われてきました。強靱鋼の基本成分は炭素鋼ですが、数種類の合金元素を添加します。

ＪＩＳに規定されている強靱鋼は古い順に、Ni-Cr鋼、Ni-Cr-Mo鋼、Cr鋼、Cr-Mo鋼、Mn鋼、Mn-Cr鋼があります。

炭素鋼に合金元素を添加すると、素地（マトリックス）に固溶して強さが増し、のびや絞りも向上します。このままでも効果が認められますが、焼入れを行うことによって特性がさらに倍加します。合金元素の添加が鋼の質量効果を減少させて焼入性を大きく向上させるからです。

強靱鋼は目的により焼入れのまま（低温焼戻しは行う）で使用するときと、調質して靱性を付与して使用する場合に分けることができます。

強靱鋼の焼入性は前述したジョミニ試験法によって評価します。強靱鋼の焼入性を基礎にして、メーカーはそれを保証したH鋼（ＪＩＳに規定）の製造と販売を行っています。

一方、使用者はH鋼を購入する際に、いくつかの仕様の指定を行うことができます。指定の方法を図に示します。使用者はH鋼に示されたデータに沿うように熱処理の指示をしなければ意味がありません。また、強靱鋼は鋼種に応じて焼入性に差異が生じます。しかし、焼入性が大きい鋼を使用することは得策ではなく、価格（合金の添加は価格が高い）やそれぞれの鋼の性質を理解して選択する必要があります。

要点BOX

- ●強靱鋼は炭素鋼に合金元素を添加し、機械的性質を補い焼入性を向上させたもの
- ●強靱鋼は焼入れを行うことで特性が倍加

強靭鋼の開発推移

JIS認定（年）	鋼種
1950	Ni-Cr鋼
1950	Ni-Cr-Mo鋼
1950	Cr鋼
1950	Cr-Mo鋼
1968	Mn鋼
1968	Mn-Cr鋼

H鋼の仕様指定方法

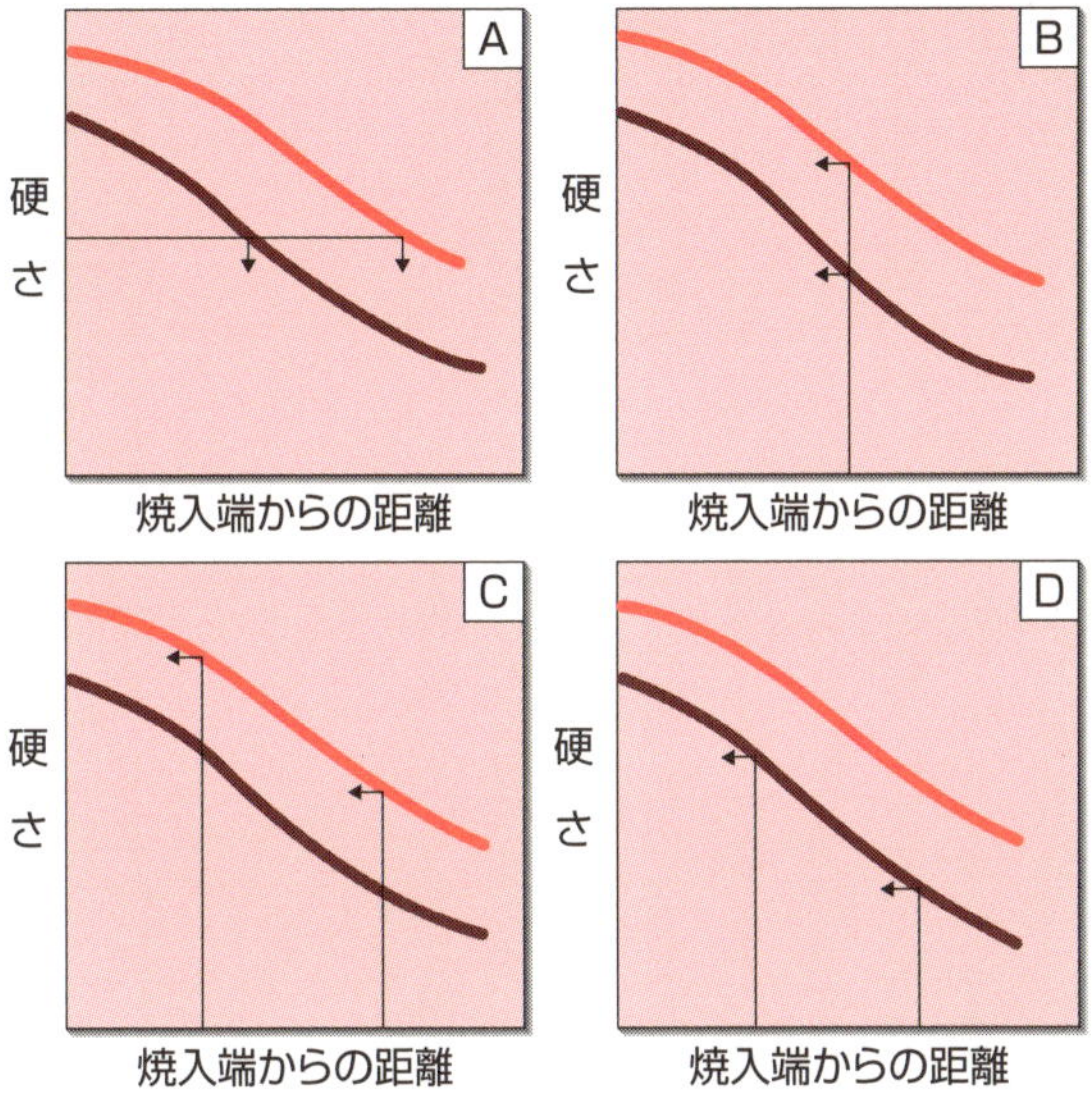

A：ある硬さを維持する最大、最小の距離を保証

B：ある距離の位置の最大、最小の硬さを保証

C：2点の距離の位置における最大の硬さを保証

D：2点の距離の位置における最小の硬さを保証

出典：「おもしろ金属材料入門」坂本卓、日刊工業新聞社、2000年

用語解説

焼入性：hardenability、焼入された深さのこと。

質量効果：mass effect、一般に質量が大きいと焼入性が小さくなる。

53 強度対重量比が良い高力鋼

溶接に適し、引張強さを持つ鋼の開発

　建築、橋梁、船舶、車輌、石油油槽、容器などに使用されている強度部材は一般構造用圧延鋼です。この鋼は溶接性が良く最も多く利用されますが、引張強さが低く、同時に降伏点も小さいので、設計上の荷重に耐えるためには鋼材の断面を大きくしなければいけません。そうなると鋼材の自重や使用量が増加します。

　鋼の引張強さを増すためにはFe中のC濃度を多くすればよいのですが、そうすると靱性を示すのびや絞りが低下しますし、何といっても溶接性が悪くなります。溶接性の良否の1つに炭素当量（JIS G 3106）という評価があります。この値が大きくなると溶接に限界が生じます。

　鋼の引張強さを向上させるには焼入焼戻し（調質）をする方法もあります。しかしそうした鋼を溶接することは、焼入れしたあとに再度焼入れを行うことになり、同時に溶接した部分（溶接ラインとその近傍）は調質され引張強さを上げた効果が失われてしまいます。つまり、溶接に使用する鋼は非調質が条件になります。

　これらを改善するために、溶接構造用圧延鋼が規定され、非調質で引張強さがやや大きく、CのほかにSi、Mn、P、S成分も規定しています。

　最近はC濃度が低いまま微量の合金元素を添加して引張強さ、靱性、溶接性を改善した非調質の低合金鋼が製造されています。この鋼は引張強さが大きい高力鋼で、高力低合金鋼や高張力鋼とも呼ばれています。

　当初高力鋼の開発は、SiとMn添加量を増した引張強さが平方ミリ当たり50kgクラスのD鋼（ドイツで開発）から始まり、次第に改良されて現在は100kg超のクラスが常用され、200kgの鋼もあります。溶接に使用する鋼の応力と歪曲線モデルを見ると引張強さとともに歪みも増加し、それぞれ高位になります。

　また引張強さが向上すると鋼の使用量が減少し、構造物の自重を軽量化できるメリットがあり、強度対重量比が改善され相乗効果が生まれます。

要点BOX

- ●高力鋼はC濃度が低く微量の合金元素を添加した非調質の鋼
- ●高力鋼は構造物の自重を軽量化できる

鋼の溶接性を示す炭素当量

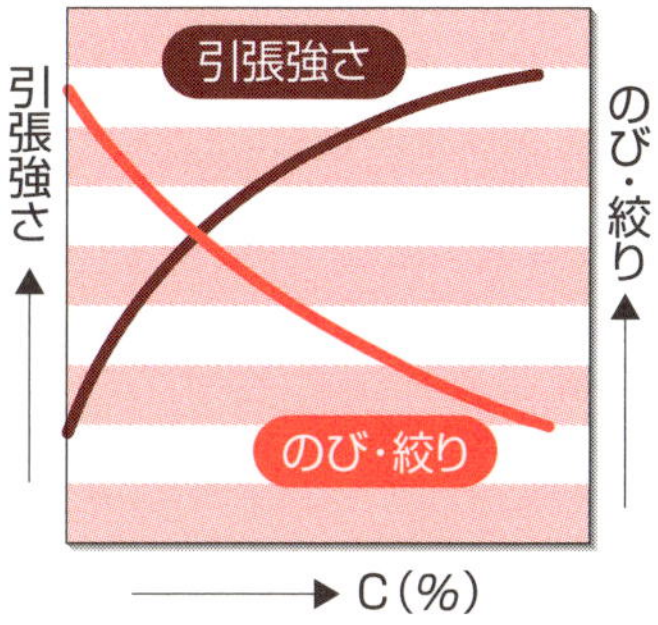

JIS G 3106による炭素当量(%)

$$= C + \frac{Mn}{6} + \frac{Si}{24} + \frac{Ni}{40} + \frac{Cr}{5} + \frac{Mo}{4} + \frac{V}{14}$$

鋼材の厚さ (mm)	t≦50	50<t≦100	100<t
炭素当量 (%)	0.44未満	0.47未満	当事者間の協定による

溶接用鋼の応力―歪曲線モデル

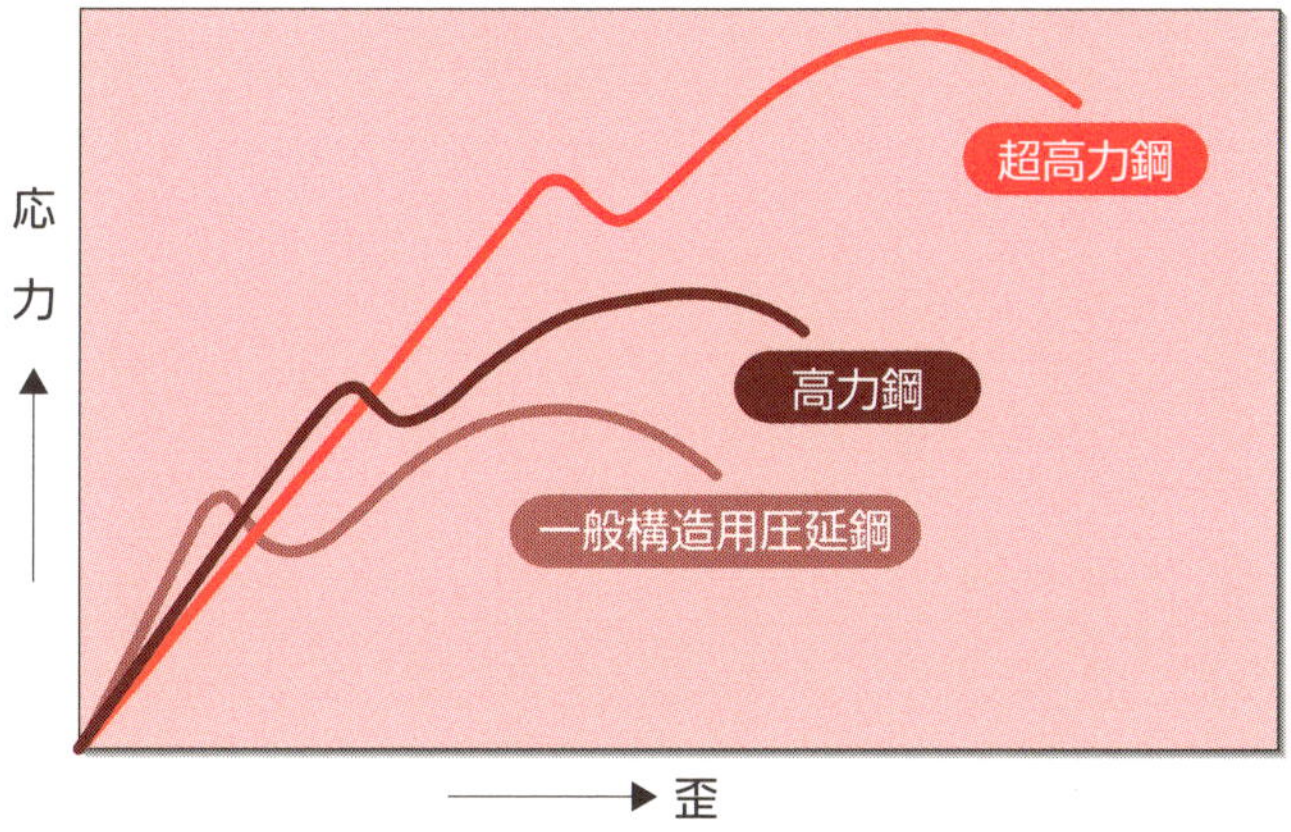

引張強さが向上すると鋼の使用量が減少する。

強度対重量比

強度/重量 の改善

強度が高いと軽くて強い構造物が造れる

橋

船

54 硬くて摩耗に強い工具鋼

工具に適した機能を持たせた鋼

工具鋼は身近では刃物や工具に利用されます。硬くて摩耗に強い性質が要求されるため、成分はC濃度が0・6～1・5%と多くなります。つまり、工具鋼には焼入れが必要になります。

工具鋼は成分で炭素工具鋼と合金工具鋼に分けることができます。炭素工具鋼（JIS記号でSK）は、その成分は炭素が主で合金元素は含まないので、焼入性が小さく、主に小物品に使用され安価です。小物品は、切削バイト、ヤスリ、ドリル、たがね、ゲージ、キリ、鋸、刻印、ぜんまいなどです。

工具鋼は焼入れしてマルテンサイトを生じますが、高炭素であるため鋼中にセメンタイト（Fe_3C）が同時に存在しています。セメンタイトは硬い炭化物ですが、焼入れ前に球状化焼なましを行い、組織を微細な球状で均一に分布させ、耐摩耗に優れた組織にします。

焼入れは完全にマルテンサイトに変態することが重要ですが、焼入れ後にオーステナイトが残留すればサブゼロ処理を行います。そのあとは低温焼戻し（150～200℃）を行います。

工具が大型になり焼入性に支障をきたす場合には、合金工具鋼（SKS鋼）を使用します。これらの工具鋼は記号と用途を区別して示しています。合金元素は鋼の組織や機械的性質、用途によって選択して添加しますが、一般にはNi、Cr、W、Vなどです。

これらの鋼も熱処理は基本的に同じですが、熱間金型に使用する鋼はCr、W、Vなどを添加して鋼中に炭化物を形成させます。これらの炭化物は焼入れ後、焼戻温度が550℃前後に至ると鋼中に析出し、硬さが焼入れ時に比較して同程度かやや高くなる場合があります。通常焼入れしたあとの焼戻温度が高くなれば硬さは焼入れ時より低くなりますが、炭化物生成元素を含有する鋼は焼戻し後の硬さが高くなります（二次硬化）。熱間で使用する工具鋼はこの温度以下の雰囲気で使用しても硬さが低下しないメリットがあります。

要点BOX

- ●炭素工具鋼は主成分が炭素で、焼入性が小さく、主に小物品に使用
- ●合金工具鋼は焼入性を向上させ大型工具に使用

工具網の種類と記号および用途

種　類	記号(JIS)	主な用途
炭素工具網	SK	(切削)バイト、キリ、ナイフ、鋸、カッター ヤスリ、ダイス
合金工具網	SKS	
	SKS	(耐衝撃)タガネ、ポンチ、さく岩用ピストン
	SKS SKD	(冷間金型)ゲージ、シャー、一般金型、線引ダイス
	SKD SKT	(熱間金型)プレス型、ダイカスト用型、押出ダイス、ダイブロック
	SKH	(切削)バイト、キリ

球状化焼なまし

球状化焼なましの有無により、炭化物の組織が変化する。
こうすることで、優れた耐摩耗性を示す。

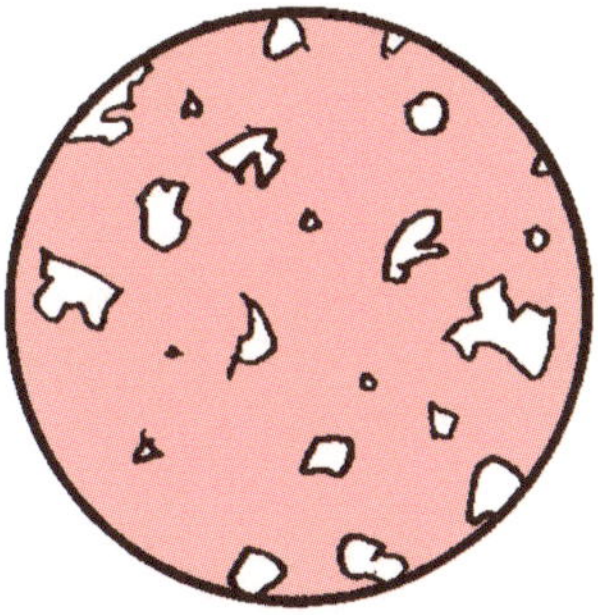

前:異形で不均一な炭化物

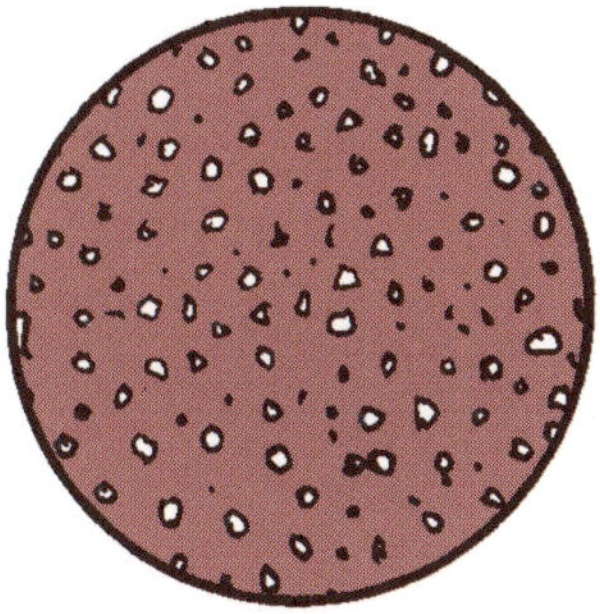

後:微細球状炭化物

工具網の熱処理履歴

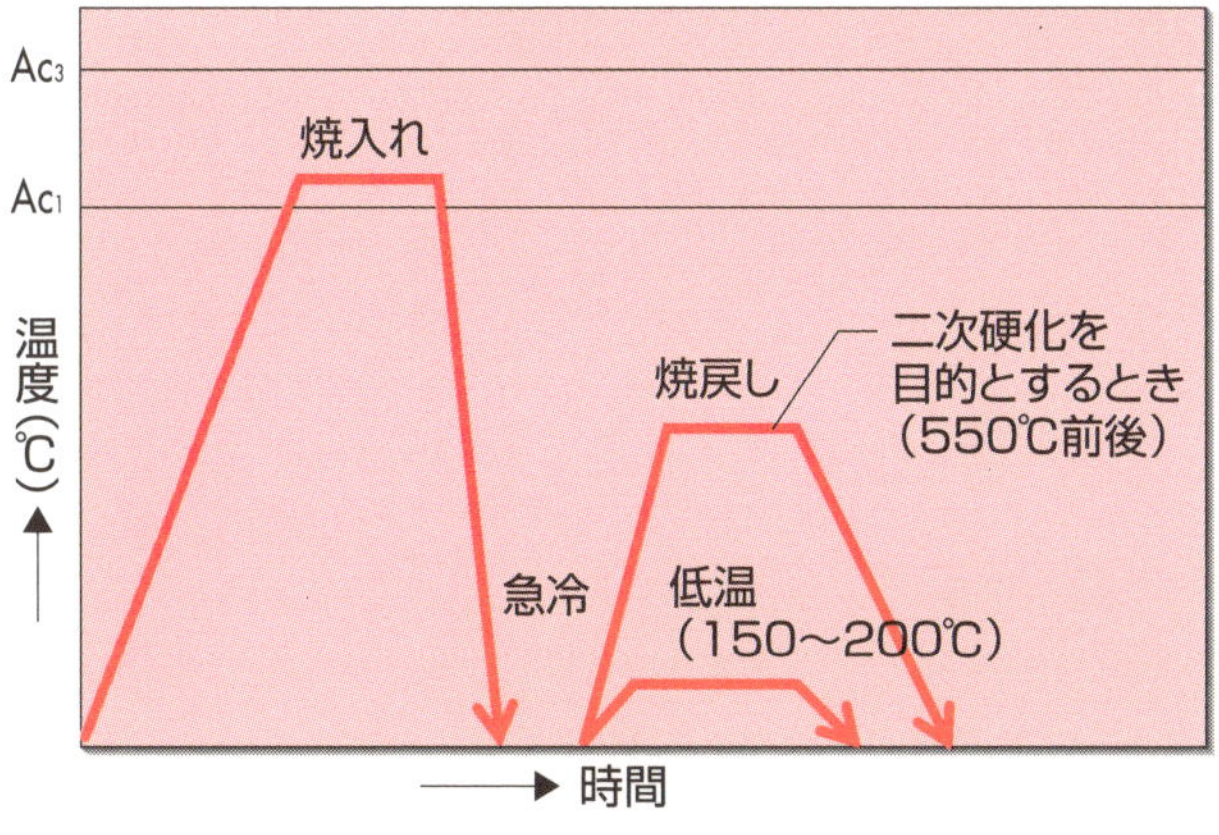

工具鋼の焼入れは、通常完全にマルテンサイトに変態させてから、低温焼戻しを行う。

55 高速で使う切削工具に適した高速度鋼

工具の摩耗を少なくする

高速度鋼は工具鋼の一種で、前項の表のＪＩＳ記号ＳＫＨで示しました。高速度鋼という名は、この鋼で切削工具を作ると　鋼を削るときの速度がほかの工具鋼の切削工具より高速にできるからです。

なぜ高速が必要なのかというと、耐久性と生産性のためです。鋼を切削する際は、工具の切削部分が切削抵抗によって高温に上昇し、５００℃を超えることも少なくありません。切削速度を大きくすればさらに温度が高くなります。ＳＫ鋼やＳＫＳ鋼は焼戻温度が２００℃以下です。もし２００℃を超える高温にさらされると、工具が焼入れ時の硬さを維持できず軟化してしまいます。軟化は工具の摩耗と焼付きなどを発生させる要因になり、工具が使用できなくなります。

また、工具鋼の開発は切削速度を高速にして生産性を向上させ、工具の摩耗を少なくすることでした。高速度鋼はこのような条件の基で開発され、耐熱性と大きい靭性が具備されました。

高速度鋼の成分は今までの工具鋼と比較してまったく異なります。高速度鋼の基本鋼は別名が18-4-1鋼と言われています。18はW、4はCr、1はVで、その割合でそれぞれ含有されていますが、W成分は高価なので、代替の合金元素としてMo系も開発されました。

高速度鋼の熱処理は従来の工具鋼に比較してかなり高温です。それはWやMoが高温で固溶するからです。焼入温度の１３００℃まで温度を上げる際はWが熱膨張率が小さいので、工具の内外の温度差を少なくして熱応力による割れを防止するため階段的に履歴をとります。１３００℃に加熱できる炉は赤外線加熱炉や塩浴炉が使用され、表面から脱炭しない工夫が必要です。焼入温度の１３００℃は観察すると黄色より輝く白色になり、今にも溶けそうに見えます。そのあと多くは残留オーステナイトを防止するためにサブゼロ処理を行います。焼戻しは二次硬化を利用するために５５０～６００℃の間で行います。

要点BOX

- ●200℃を超える高温に耐える高速度鋼
- ●高速度鋼は耐熱性と大きい靭性をもち、生産性を向上させる切削工具の鋼として開発

高速度鋼の化学成分（JIS G 4403）

分類	JIS記号	化学成分（%）					
		C	Cr	Mo	W	V	Co
Mo系	SKH9	0.80～0.90	3.80～4.50	4.50～5.50	5.50～6.70	1.60～2.20	—
	SKH55	0.80～0.90	3.80～4.50	4.80～6.20	5.50～6.70	1.70～2.30	4.50～5.50
W系	SKH2	0.70～0.85	3.80～4.50	—	17.00～19.00	0.80～1.20	—
	SKH4A	0.70～0.85	3.80～4.50	—	17.00～19.00	1.00～1.50	9.00～11.00
	SKH5	0.20～0.40	3.80～4.50	—	17.00～19.00	1.00～1.50	16.00～17.00

高速度鋼の熱処理履歴

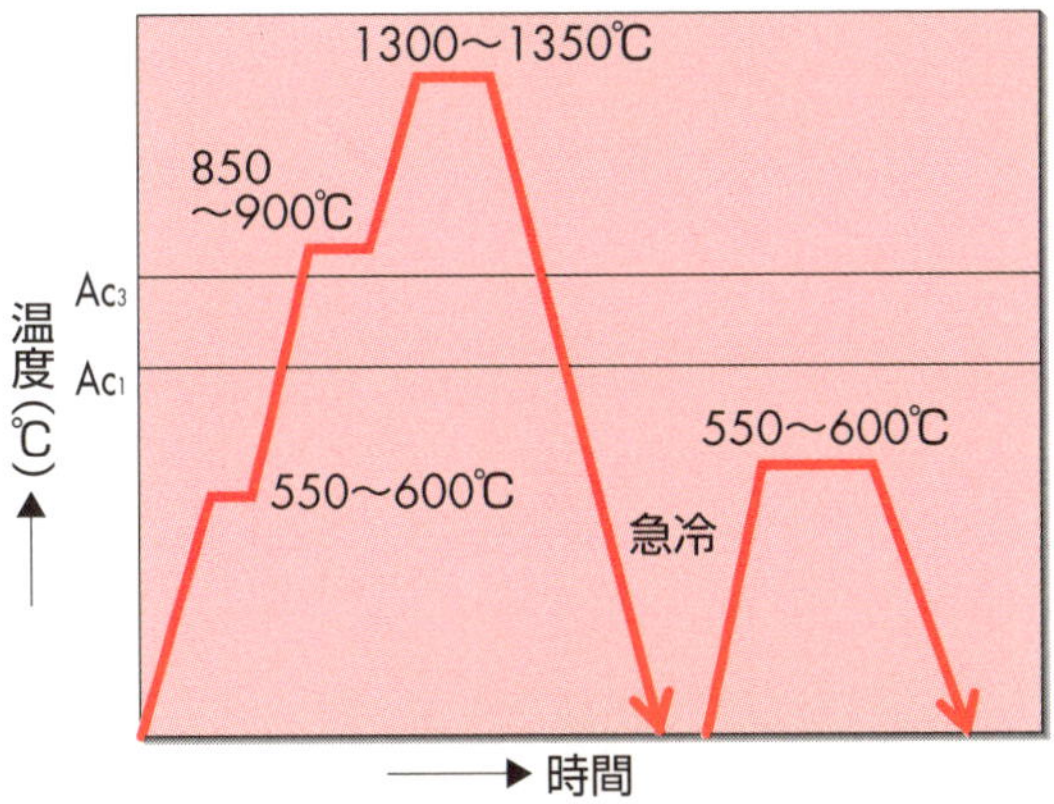

高速度鋼の内外の温度差を少なくするため、つまり熱応力による割れを防ぐために、段階的に温度を上げる。

高速度鋼の熱戻温度による硬さ変化

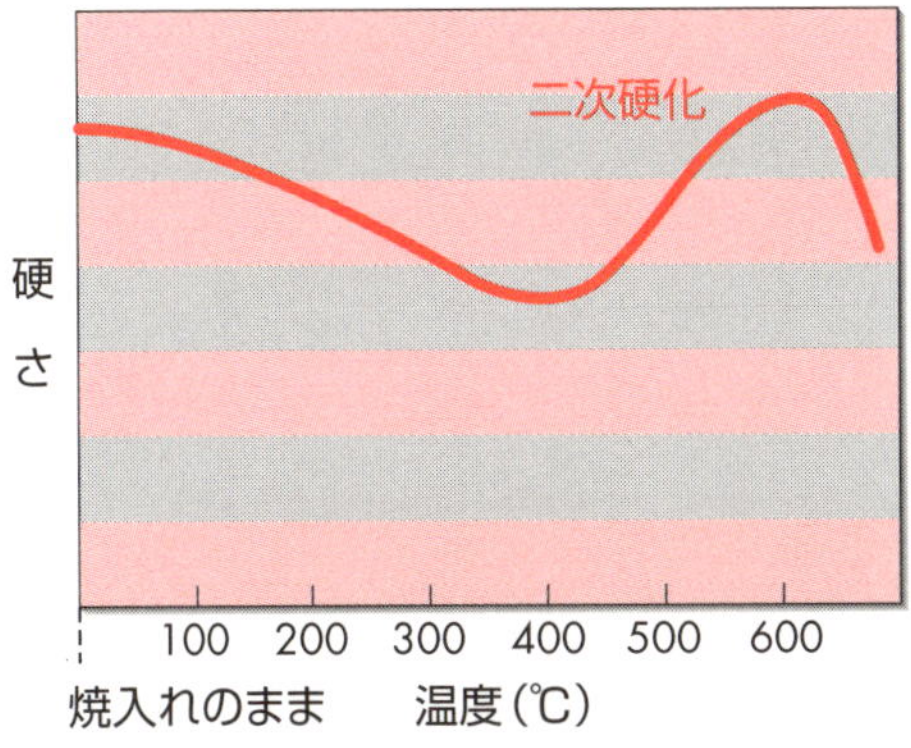

高速度鋼を焼戻しして、さらに硬さを高める。

56 錆びないステンレス鋼

CrやNiのおかげで錆びにくくなる

ステンレス鋼は不《ふ》銹鋼《しゅうこう》と言います。錆《さび》が発生しない鋼という意味です。ステンレス鋼は組織上大きく分類すると、フェライト系、マルテンサイト系、オーステナイト系の3種類に分かれます。

フェライト系はC量が少なくCrが多く含まれ、組織がフェライトです。この組織は軟らかく展延性に優れるため、加工性に優れ、耐食を必要とする日用品、台所用品、車両などに使用されます。もちろん、高温加熱しても組織変化はなく変態もありません。一般的にオーステナイト組織と比較すると耐食性が劣ります。

マルテンサイト系はフェライト系よりC量が多く含有する鋼です。すなわち常温ではフェライトとパーライトですが、高温でオーステナイトに変態するので、焼入れするとマルテンサイト組織を生じます。耐食性と硬さを具備する鋼です。主な用途は耐食を必要とする強度部材、刃物、バルブなどです。

オーステナイト系は組織が常温でオーステナイトです。よって高温に加熱しても変化しないので変態もありません。Niの含有を多くすると常温でもオーステナイト組織を示します。このような元素をオーステナイト形成元素と言い、ほかにMnがあります。オーステナイト系のステンレス鋼は別称して18－8鋼とも言います。18がCrで、8がNiの含有量を示しています。

ステンレス鋼の熱処理はマルテンサイト系が焼入れと低温焼戻しの熱処理を行います。低温の焼戻しは硬さを優先するからです。

オーステナイト系は変態がないので、熱処理はあり得ないはずですが、それでも熱処理を行います。この鋼のオーステナイト組織には、結晶粒の境界（結晶粒界）にCr炭化物が集まり、その部分の耐食性を劣化させます。これを粒間腐食と言い、それを防止するために結晶粒界にCr炭化物が析出しない工夫が必要です。そのためオーステナイト系は1000℃で溶体化処理を行い、Cr炭化物を鋼に固溶させて析出を防止します。

要点BOX

- ステンレス鋼は組織上フェライト系、マルテンサイト系、オーステナイト系に分類される
- 変態のないオーステナイト系も熱処理を行う

ステンレス鋼の化学成分と用途（JIS G 4303）

組織による分類	主な合金元素	化学成分				用　途
		C	Ni	Cr	その他	
フェライト	13Cr	0.08>	—	11.50〜14.50	Al 0.10〜0.30	ライニング、石油容器
	18Cr	0.12>	—	16.00〜18.00	—	台所用品、車両、日用品
マルテンサイト	13Cr	0.15>	—	11.50〜13.00	—	タービン翼、刃物、バルブ
	17Cr	0.60〜0.75	—	16.00〜18.00	—	ナイフ、メス、弁
オーステナイト	18Cr-8Ni	0.08>	8.00〜10.50	18.00〜20.00	—	化学工業用耐食品

オーステナイトステンレス鋼の溶体化処理

粒間腐食　　溶体化処理後の組織モデル

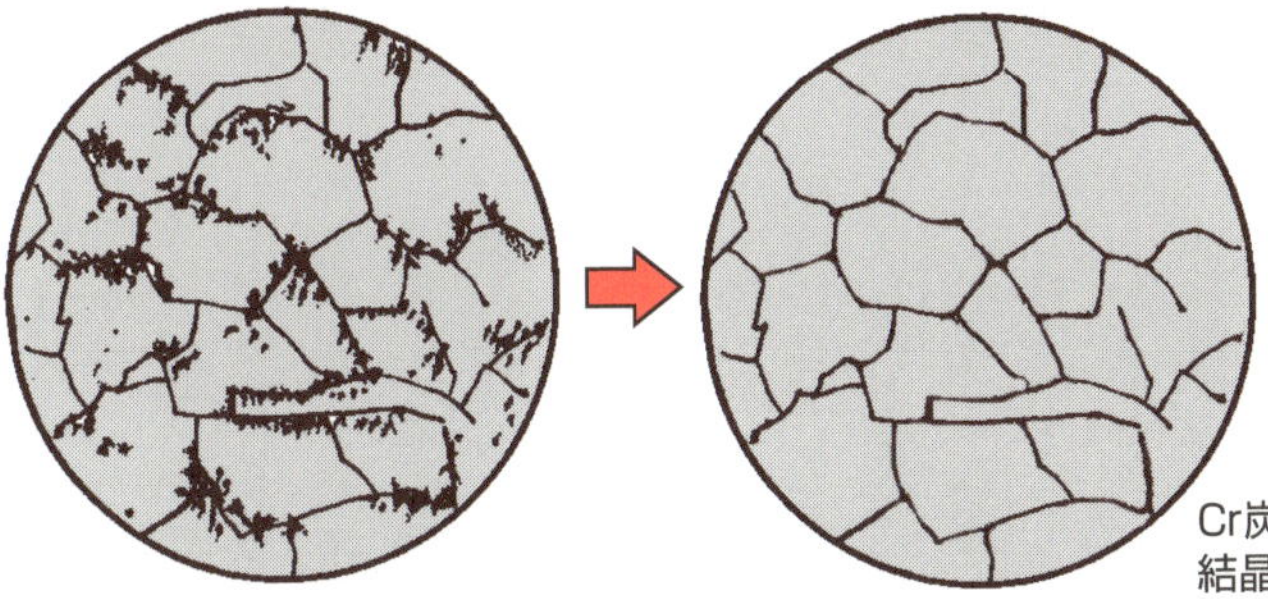

Cr炭化物（CrC）結晶粒界に析出していない

ステンレス浴槽

用語解説

溶体化処理：冷間加工や溶接などで生じた内部応力を除去し、加工組織を再結晶させて軟化し、延性の回復や粒界に析出したCr炭化物を固溶して耐食性を増す。現場ではこの処理を水靱処理と言う。

57 塑性変形をせず破壊に強いばね鋼

何度も伸びたり縮んだりできる特性を付与

機械要素の1つにばねがあります。

ばねに要求される性質は、外力に対して衝撃を受け止め弾性的に変形できることです。さらに長期にわたり繰り返される寿命も必要です。すなわち、ばねは高い弾性限と疲労限を具備されなければなりません。

ばねが弾性変形から塑性変形してしまうと、機能を失ってしまいます。外力に対して塑性変形をせず破壊に耐えることが必要です。

ばね鋼はその性質を得る目的に製造されています。化学成分のうちC量は中炭素から高炭素で工具鋼に近い鋼で、C量が多いのは焼入れ後に硬さを得て引張強さを確保するためです。

ばね鋼は工具鋼と同様に脱炭に注意しながら亜共析鋼ではAc_3点、過共析鋼ではAc_1点からそれぞれやや高い温度に加熱したあと急冷します。

焼入れしたあとは硬さが高いため弾性変形できません。そこで焼戻しでは中間程度の温度で焼戻しを行い、硬さを緩和し靱性を付与します。この焼戻温度が前出の中間焼戻しあるいはばね戻しという処理です。実際の焼戻温度は要求される弾性力に応じて決定します。

一般に大型あるいは質量が大きいばねは以上のように焼入焼戻し工程を経ますが、小型、細線、帯など薄物は冷間でばね形状に成形加工したとき、すでに鋼質が加工硬化するので焼入工程が不要になります。熱間で行う必要がないので酸化も防止できます。冷間加工後はばね戻しを施工します。

ばねの大型品には焼入性を得るために、炭素鋼に替えて合金鋼を使用します。合金のばね鋼は焼入性のほかに弾性限を向上させるためにSi、Mn、高温用にはCr、V入りが規定されています。

ばね材は鋼の使用が多くなりますが、非鉄金属のCu系では真鍮（黄銅）や青銅、ほかにNi系の合金も使用します。これらは冷間加工して弾性限を向上させるとともに耐食性が優れています。

要点BOX

- ●ばね鋼は高い弾性限と疲労限を持つ
- ●ばねの小型品は焼入工程が不要
- ●ばねの大型品には炭素鋼に替えて合金鋼を使用

ばね鋼の化学成分（JIS G 4801）

分類	JIS記号	化学成分（%）					用　途
		C	Si	Mn	Cr	V	
炭素鋼	SUP3	0.75〜0.90	0.15〜0.35	0.30〜0.60	—	—	板ばね
	SUP4	0.90〜1.10	0.15〜0.35	0.30〜0.60	—	—	コイルばね
合金鋼	SUP9	0.50〜0.60	0.15〜0.35	0.65〜0.95	0.65〜0.95	—	板ばね トーションバー
	SUP10	0.45〜0.55	0.15〜0.35	0.65〜0.95	0.80〜1.10	0.15〜0.25	トーションバー

ばね鋼の熱処理履歴（過共析鋼）

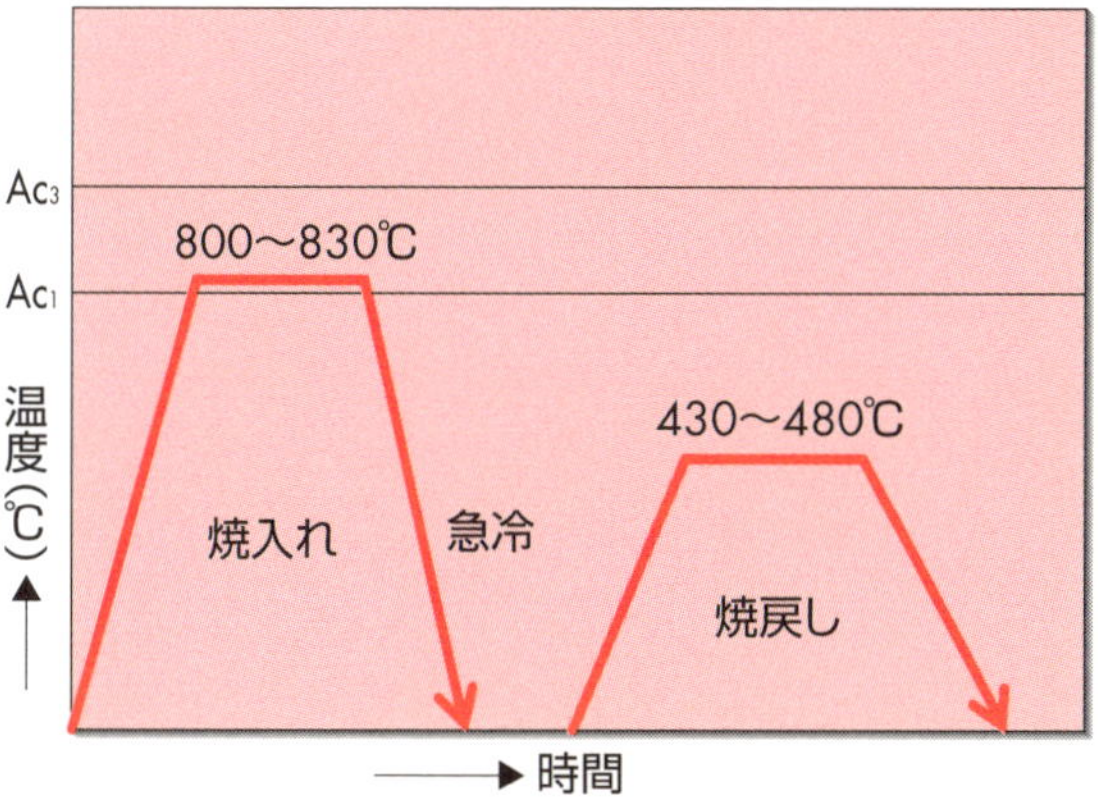

焼入れした後では、まだ硬いので、焼戻しを行い硬さを緩和して靭性を与える。

ばねの種類

コイルばね

うず巻きばね

板ばね

58

回転を保持する強さを持つ軸受鋼

確実に回るための機能を有する

軸受は軸を受けて支え、回転を保持する機能を有する機械要素の1つです。軸受は形状および機能上からすべり軸受ところがり軸受に分類できます。

軸受の始まりはすべり軸受です。それは材料の製作が簡単で加工も容易だったためです。すべり軸受は軸と軸受間がすべりながら摺動します。摺動しやすいように間隙に油脂（グリースなど）を塗布することが普通です。

すべり軸受の材料は非鉄金属の真鍮や青銅、ホワイトメタル、鋳鉄などの塑性加工品や鋳物品です。これらの材料は塑性加工後に内部応力を除去するために低温焼なまし、鋳物品では均質化焼なましを行います。すべり軸受は大型用、重荷重用、耐食用などに使用されます。

一方、ころがり軸受は一般に広く普及して多用されている形式です。軸受は外形寸法が事務用品や玩具などに利用される1㎜の極小サイズから、産業機械や装置用に利用される2ｍサイズの大型品も製造されています。ころがり軸受は玉やころが転がって回転や摺動する構造で、極めて精密な寸法を有している高精度品です。

軸受の機能としては荷重を支えるために強度が大きく、長期にわたり摩耗することなく精度を保たなければならないため、材料には高炭素を使用して硬く焼入れされています。

軸受鋼は高炭素であり、焼入れ硬さ以外に炭化物を形成する合金鋼も添加してその硬さを利用します。すなわち軸受鋼はセメンタイト（Fe_3C）や合金の炭化物が微細（1μm程度）に球状化して均一に分布することが実用上の特性を左右します。そこで鋼を製造し塑性加工したあと、球状化焼なましを行うことが肝要です。

焼入れ時には脱炭に注意し、Ac_1点直上に加熱して保持したあと急冷します。焼戻しは硬さを維持するために低温で行います。

要点BOX

●軸受鋼は強度が大きく摩耗性が高い

●軸受鋼は製造し塑性加工したあと、球状化焼なましを行う

軸受の種類

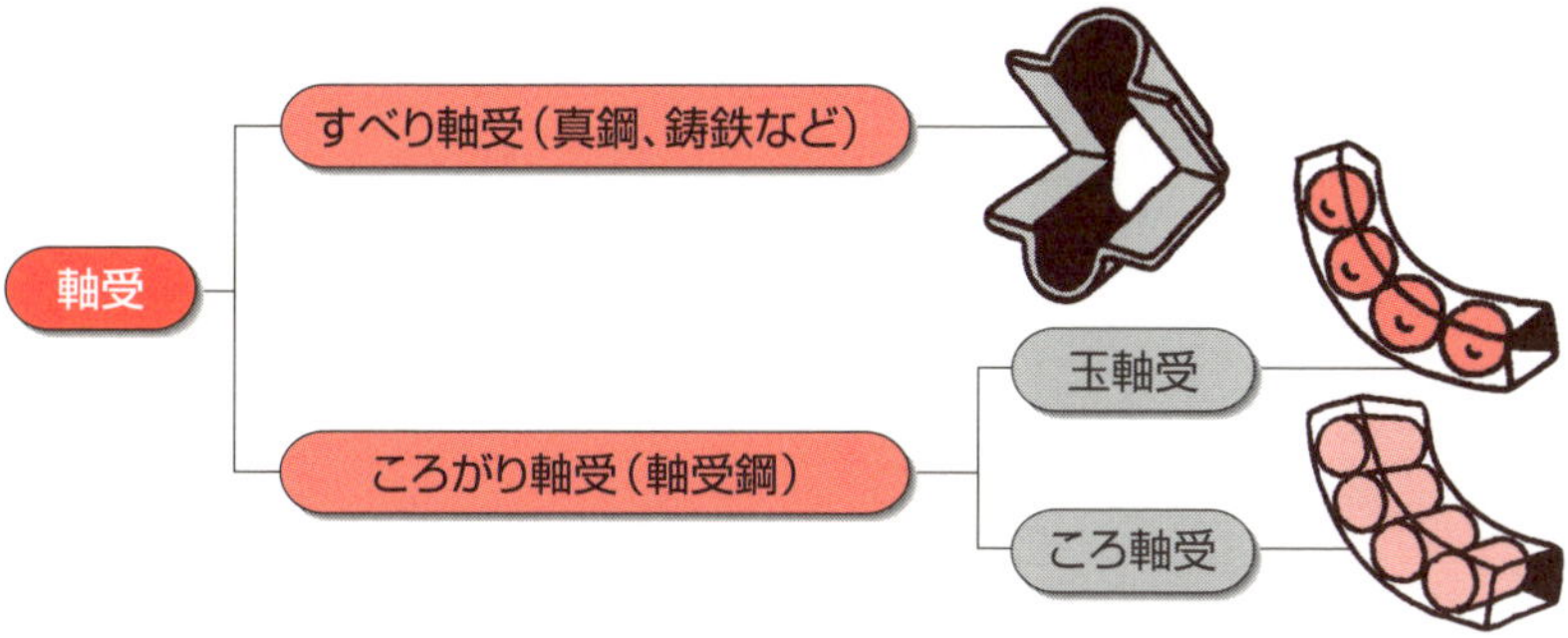

軸受鋼の化学成分（JIS G 4805）

JIS記号	化学成分（%）				
	C	Si	Mn	Cr	Mo
SUJ 2	0.95～1.10	0.15～0.35	0.50>	0.90～1.20	—
SUJ 5	0.95～1.10	0.40～0.70	0.90～1.15	0.90～1.20	0.10～0.25

軸受鋼の熱処理履歴

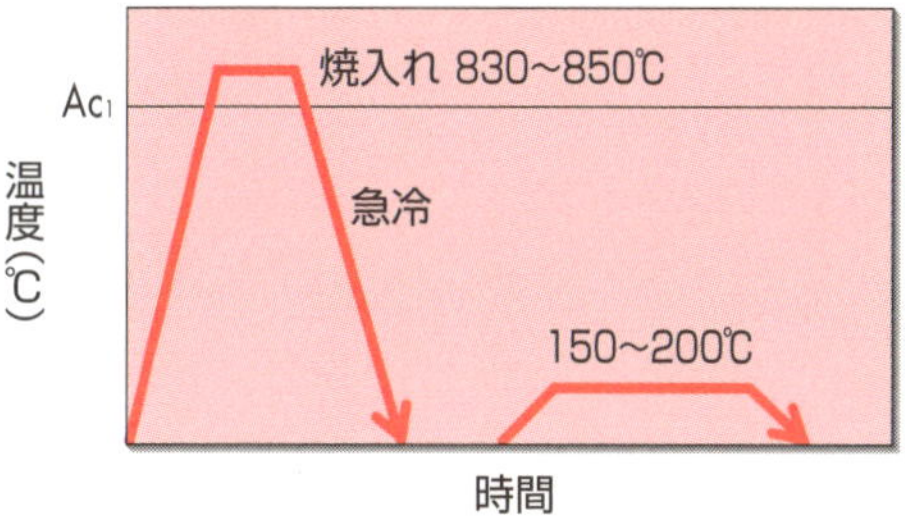

軸受鋼の球状化焼なましによる組織

過共析鋼の組織で比較。

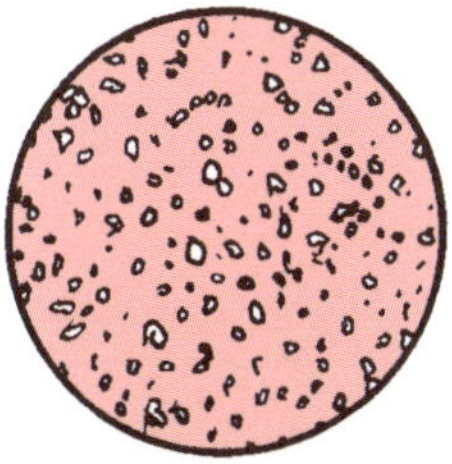

球状化組織
（球状化焼なましあり）

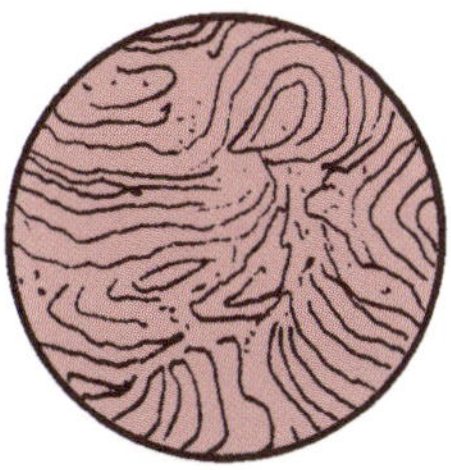

層状（パーライト）組織
（球状化焼なましなし）

59 鋳造に適した鋳鋼

鋳造で製造工程の簡素化を図る

鋳鋼は鋼の鋳物です。鋼の鋳物とは鋼、すなわちFeとCの二元系状態図において、FeにCが含有される範囲が0から2・06%以下です。

鋼は引張強さが大きく、のびや絞りなどの靭性も備わっているので、一般には鍛造や圧延を行って形を変え内部の組織を緻密にして使用します。しかし、非常に大型の製品や重量物を製造する場合には、加工に時間がかかったり困難なことがあり、鋼を最初から鋳造して製造すれば後の工程が簡素化できます。鋳造して製造するので機械加工はわずかですみます。

このような製品は、船舶の中ではタービンエンジンのケーシング（箱）、船舶の舵や錨、大型の歯車、発電機のロータ、混合機内部の羽根、水門の部品など産業界では数多くあります。

鋳鋼は鋳造して製造しますが、鋳造後にすぐ熱処理をします。鋳鋼は炭素鋼鋳鋼（ＪＩＳ記号でＳＣ）を始めとして数種の鋳鋼品が規定されています。

一般的に鋼は溶湯をインゴットケースに鋳込んで鋼塊を作り、そのあと種々の形に熱間加工して、同時に内部の組織を緻密にして均質化します。しかし、鋳造品は最初から所定の形に鋳込むため、熱間加工がありません。その場合の弊害は内部が成分上、偏析（不均一なこと）を生じる機会が多くなり、かつ組織も均一ではなく、鋳造品に見られる樹枝状組織が現出します。そこでそれらの消失を狙うために、鋳造後に1100～1150℃程度まで加熱して均質化焼なましを行います。とくに密度が大きい合金を含有する鋳鋼は、上部と下部に成分の差異が生じるため、含有する合金元素の拡散を期待する必要な熱処理です。

さらに鋳鋼の種類に応じてそれぞれの熱処理を行い機械加工の工程に移ります。この場合の熱処理は焼ならし、合金鋼鋳鋼では調質、オーステナイト系ステンレス鋼では水靭処理です。また溶接構造用鋳鋼の場合は溶接後に低温焼なましを行い内部応力を解放します。

要点BOX

- ●偏析を解消するため均質化焼なましを行う
- ●鋳鋼は鋳造に適した大型の製品や重量物に使用し、鋳鋼の種類に応じた熱処理を行う

鋳鋼品の種類

種　類	JIS記号	熱処理
炭素鋼鋳鋼	SC	焼ならし
溶接構造用鋳鋼	SCW	焼ならし、低温焼なまし
構造用高張力炭素鋼 及び低合金鋼鋳鋼	SCC SCMn SCSiMn　など	焼ならし 調　質 低温焼なまし
ステンレス鋼鋳鋼	SCS	水靭処理（溶体化処理）
高マンガン鋼鋳鋼	SCMnH	

※ただし、上記は均質化焼なましを施工しておく必要がある

鋳鋼の化学成分（JIS G5111）

種　類	JIS記号	化学成分					用　途
		C	Si	Mn	Cr	Mo	
炭素鋼鋳鋼	SC46	規定しない					一般構造用
溶接構造用鋳鋼	SCW450	0.22>	0.80>	1.50>	—	—	溶接構造用
低合金鋼鋳鋼	SCMn1	0.20～0.30	0.30～0.60	1.00～1.60	—	—	一般構造用
	SCSiMn2	0.25～0.35	0.50～0.80	0.90～1.20	—	—	アンカーチェーン
	SCMnCr2	0.25～0.35	0.30～0.60	1.20～1.60	0.40～0.80		耐摩耗用
	SCCrM1	0.20～0.30	0.30～0.60	0.50～0.60	0.80～1.10	0.15～0.35	強靭材用

鋳鋼の樹枝状組織

鋳造時冷却後に木の枝が育つ
ように伸びる組織が現出する

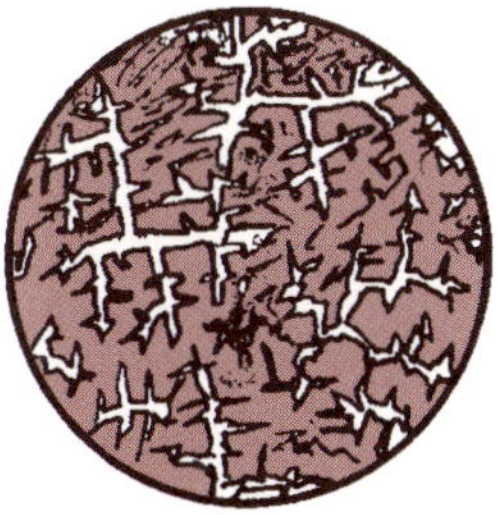

鋳造すれば大型の製品や重量物が作りやすい

錨

大きな歯車

用語解説

樹枝状組織：溶鋼が凝固する過程で、樹枝状の形が生成された不均一な組織。デンドライト組織ともいう。

60 風雨にさらされても強い鋳鉄

マンホールや薪ストーブのもと

鋳鉄の化学成分はFeに含有するC量が2・06%を超えた高炭素です。高炭素なのでCはすべてFeに固溶できず一部が炭素のまま残っています。鋳鉄の組織はFeにCが少し固溶したフェライトと、セメンタイト（Fe_3C）とフェライトの混合したパーライト、それに遊離した炭素の黒鉛で構成されています。

汎用的な鋳鉄は普通鋳鉄で、破面（割れた断面）の色がねずみ色なため、別名ねずみ鋳鉄と言っています。ほかに数種の鋳鉄がありますが、最近多用している種類は大きい引張強さと高い靭性を具備する球状黒鉛鋳鉄です。普通鋳鉄や球状黒鉛鋳鉄はともにJISに化学成分の規定はなく、引張強さなどの機械的性質を決めています。

鋳鉄は鋳鋼と同じく鋳物です。そのため化学成分上の偏析が生じ、肉厚の多少により鋳造後の冷却に遅速が生じたために起こる内部応力が存在します。内部応力が存在したままであれば機械加工したあとに変形が生じることがあります。そこで鋳造後にこれらの内部の応力を解放する熱処理が必要です。

古来、鋳鉄は鋳放《いばなし》（鋳造後の素材）したあと内部応力を解放するため枯らしを行ってきました。枯らしとは英語でシーズニングと言い、戸外にしばらく放置し風雨にさらして自然の力で内部応力を除去する方法です。この方法は最も適正で安価に応力除去が行うことができますが、時間がかかるため、最近では代替として低温焼なましを行うようになりました。

鋳鉄は鋼と比較して数々の長所があります。高炭素なので耐摩耗性に優れ、内部に存在する黒鉛が吸音や振動を吸収したり、耐熱性や耐食性にも優れています。身近に使用されている製品を見回しても、マンホール、門扉、鍋や薬缶、薪ストーブやスチーム用暖房器があり、鋳造がしやすく鋳鉄の特性を活かした製品が数多くあります。

要点BOX

- 球状黒鉛鋳鉄は引張強さと高い靭性を具備する
- 鋳鉄は鋼と比較して、耐摩耗性、吸音や振動を吸収、耐熱性や耐食性にも優れている

鋳鉄の組織

黒鉛が球状化しているため、切欠がなく強度が大きくなる

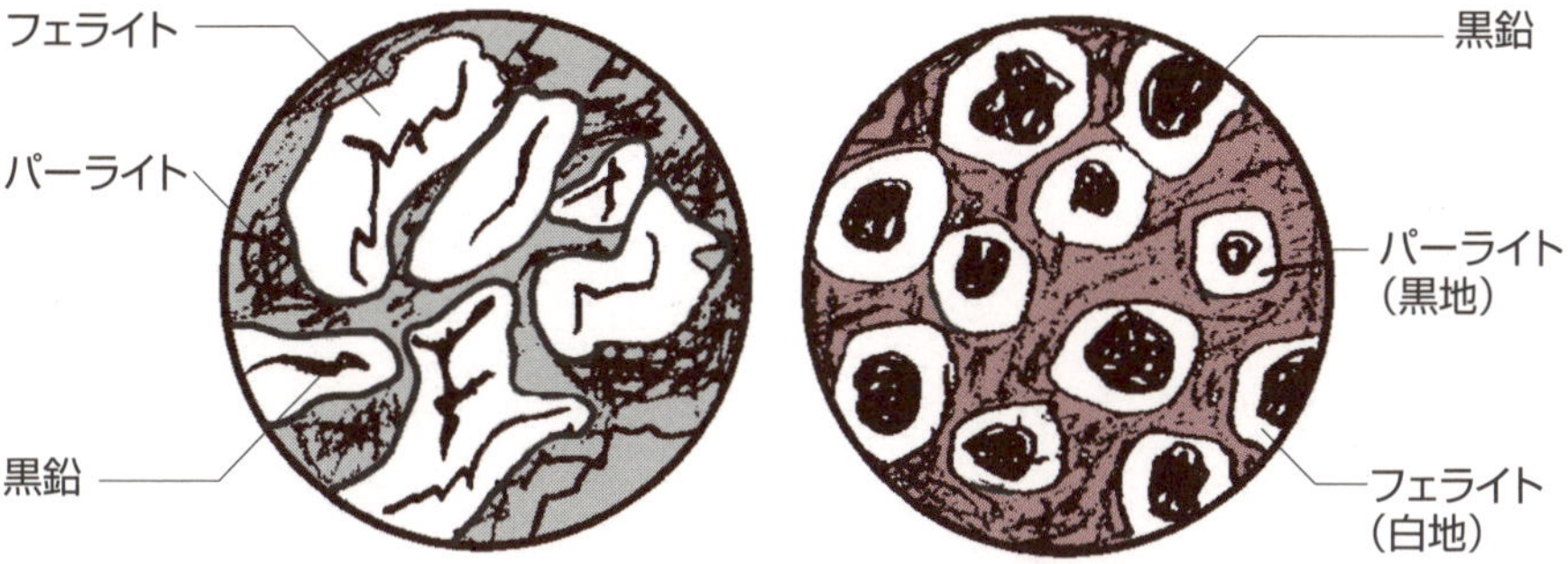

普通鋳鉄（ねずみ鋳鉄）　　球状黒船鋳鉄

鋳鉄の種類（JIS G 5501、G 5502）

種　類	JIS記号	引張強さ（kgf/mm^2）	化学成分
普通鋳鉄	FC 150	150<	規定していない
	FC 250	250<	
球状黒鉛鋳鉄	FCD 400	400<	
	FCD 600	600<	

鋳鉄の低温焼なまし

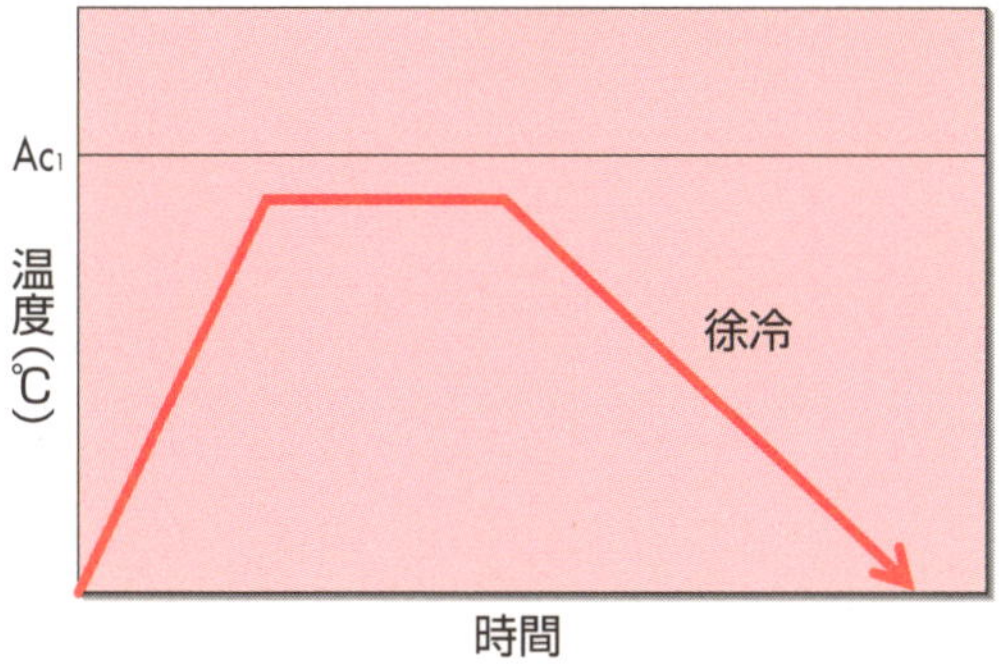

鋳鉄の低温焼なましはAc_1点以下で温度を保持して、その後ゆっくり冷ます。そうして、偏析を防ぎ内部応力を除く。

Column

残留オーステナイトの仕業

ある冬の夜、工場内でも10℃以下に冷え込むため、局部暖房を最大にして休息していました。その頃の作業は忙しく、焼戻しの時間は作業マニュアルから逸脱して行うこともありました。

夕刻に超太丸物の軸を焼入れしたのですが、その軸の焼戻しを行う時間はとうに過ぎていました。

突然、工場にバーンという轟音が鳴り響きました。何事かと周囲を見回しましたが、何が起こったのかわかりません。

音のもとは、夕刻の超太丸物の軸が置き割れしたために発した音で、超太丸物の軸を焼戻し炉に挿入する前でした。焼戻し時間が遅滞したため、その間に不安定な残留オーステナイトが変態して、軸表面に引張応力がかかり割れてしまったのです。

仕損じをしていまい、大目玉をくらいました。しかし、残留オーステナイトによる仕業での大失敗は、これにとどまりません。苦い思い出が多い、憎き残留オーステナイトなのです。

筆者の務めていた熱処理工場では、歯車の浸炭焼入れが多く、次工程では機械加工して余肉を仕上げ、さらに歯車の歯の研削（歯研）を行い超精密品を造り上げていました。

問題は歯研でよく生じていました。歯研の途中に研削割れが発生するのです。現場に引っ張り出されたときには、研削作業のやり方や研削条件は正しいのかなどとほかに責任があるような意見をしていましたが、割れが発生しない場合もあり、次第にその責任が熱処理にあることがわかってきました。

熱処理屋であれば原因はすぐに残留オーステナイトだと考えるのが普通で、研削時の発生熱により不安定なオーステナイトが分解されて割れに至ると判断できたはずです。焼入れ後のサブゼロ処理はマニュアルにありましたが、作業量が膨大ですべてを対象にできなかったのです。

研削割れは一端生じると止めることはできません。割れは研削に従って、芯部へ向けて進むため修正の加工は不可能で、すべて仕損じになります。

それを活かすために、研削を中断してすぐそのままサブゼロ処理を行い、焼戻しして再度研削する方法をとりました。こうして少しは救えましたが、多くは最終工程でダメになり、大きな損失を生んでしまいました。

第8章

熱処理の管理と品質

61 熱処理作業の改善

作業設備や環境の向上が品質を上げる

熱処理は重量物や多量品を取り扱うので、どうしても作業が肉体労働になりがちです。

このため熱処理が自動化や省力化できれば、作業の軽減ができるだけでなく生産性も向上します。従来のバッチ式横型の加熱炉は作業者と同レベルの平面に設置されていたため、加熱炉への挿入や取出し作業は人力やクレーンなどを併用して行っていました。製品の移動が遅くなれば、焼入れ時の温度降下を招くなど品質上の問題もありました。

現在は縦型ピット加熱炉で半地下に加熱設備を設置している工場が多くなり、対象物の移動などにはすべて搬送機器を使用することができます。

また熱処理は加熱時間がかかり、保持したあと炉から取り出したらすぐに次の挿入をしなければなりません。この操業サイクルは省エネルギーと生産性向上のためです。その結果、連続操業になり、加熱炉が休止する時期は、お盆や年末年始の休暇などの長期の休みだけになる場合が少なくありません。その時期は加熱炉を始めとして修理や保守点検があります。

操業時の作業は昼夜を問わず行われていますが、夜間だけでも自動運転ができるような設備に替えることは、現在の発達した機器を付属すれば充分に可能です。

もっと進んだ方法は連続炉を導入することですが、多品種少量生産の製品に対しては限界があります。この場合は、大小の効率が良い加熱炉を設置して連続で自動運転することです。また効率的な運転には、加熱炉に警報機器を取り付け、挿入や取出しの時間を正確にするほか、冷却槽にも一定温度の保持、撹拌装置の自動運転など、工場内の設備すべてに品質確保を前提にした機器を付属すれば効果的でしょう。

工場内は従来から照度が低く、室温も高い職場環境ですが、塵埃収集、排煙、排ガス、焼入れ油臭除去などの対策を講じ、作業環境を向上させることが品質の確保になることを認識すべきです。

要点BOX

- ●熱処理工場も効率的な運転を心がける
- ●作業環境を向上させることが品質の確保になることを認識すべき

作業のしやすい加熱炉

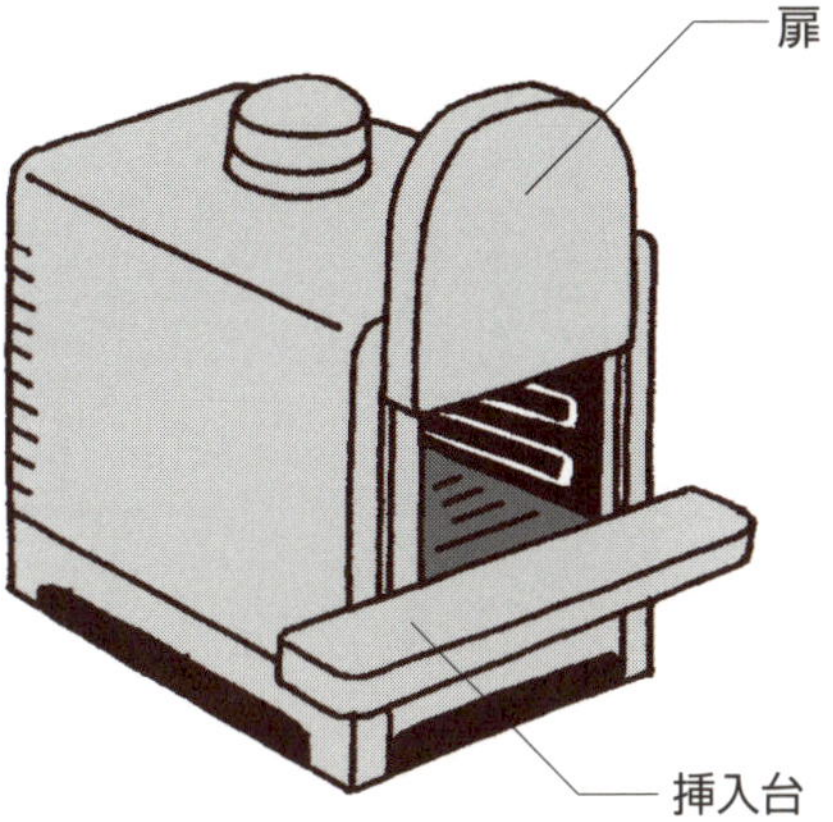

バッチ式横型加熱炉

半地下式竪型ピット加熱炉

加熱炉の実際の内部温度の変化

省エネルギーと生産性向上のために連続操業が必要となる。

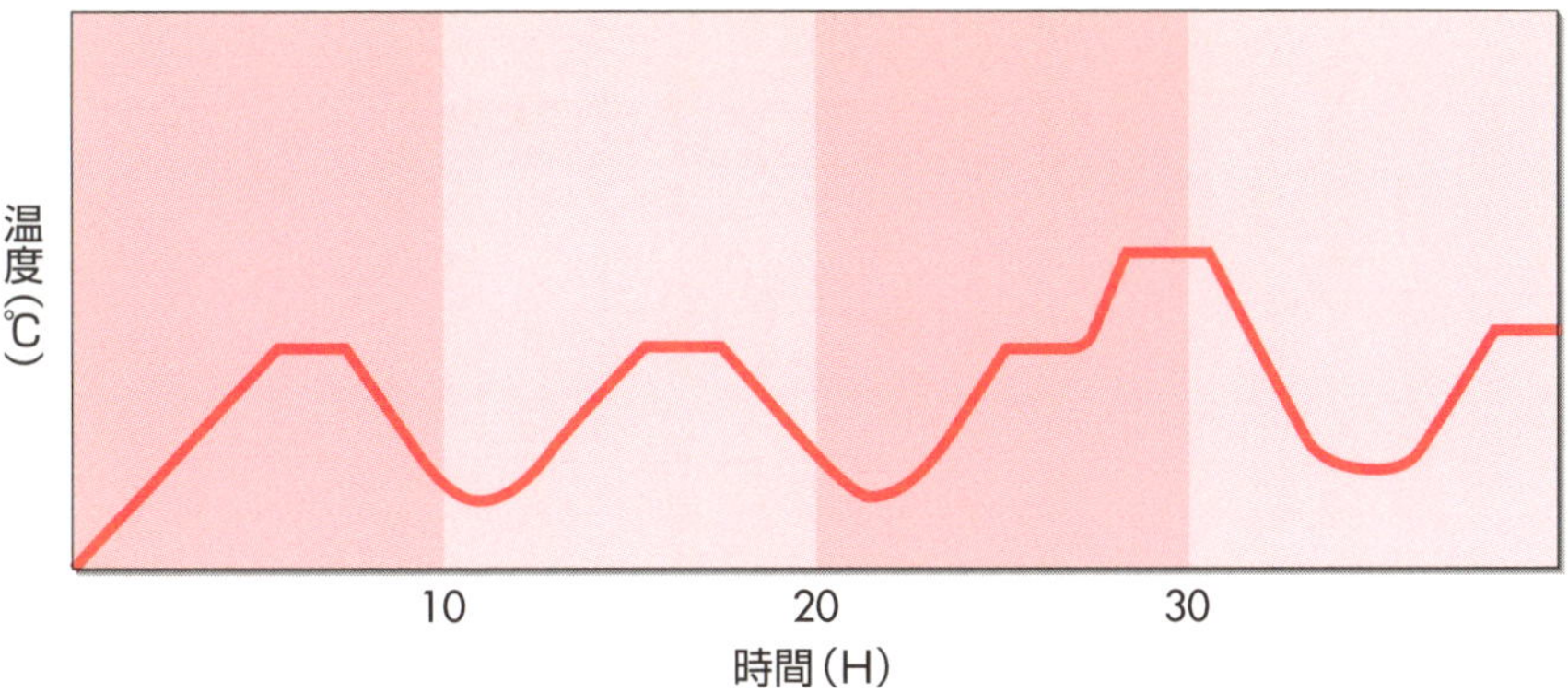

62 熱処理工場の管理

確実な管理が確実な品質を生む

熱処理工場の設備は加熱炉、計測器、冷却装置、各種検査機器などかなり種類が多くて広範囲です。

加熱炉は熱処理の基本の装置です。炉は高温で使用するため、どうしても耐熱に対する保守を講じなければなりません。その中でヒータは確実に初期の能力を出すように調整しておく必要があります。断熱と耐熱の煉瓦の保守も日常的に管理すべきです。炉内温度を均一にするファンの点検、定期的な交換は炉内であるため見逃しがちですが、羽根の突然の破断により製品が傷むことがあり注意が必要です。温度計や調節計の保守点検も重要です。熱電対が劣化することは多いので、温度計測は二重測定が望まれ、熱電対の定期的な交換もマニュアル化すべき項目です。

熱処理工場内は塵埃が多く、高熱下の雰囲気なので精密機器は寿命が短くなりがちです。このような機器は密閉構造にし、できれば集中管理して恒温で管理することをを検討したらよいでしょう。

ガス型の浸炭炉や窒化炉は炉内からのガス漏洩に注意しなければなりません。製品の品質が確保されないばかりか、操業中にガスが漏れ始めたら防止する作業が困難になり、炉に近づくことさえできません。日常は炉蓋、配管の継手に石鹸水などを塗布して異常に備えます。ガスが漏れていると、石鹸水から泡が出るため容易に確認できるからです。

硬さ測定器は標準試験片で基準を確保しておくことです。同形式の硬さ測定器も数台準備して、その中でマザー測定器として運用することも必要です。

工場内の機器の保守にはキリがありませんが、熱処理作業における品質の確保は機器の良否や保守に左右されます。しかし、これらを運用し品質を確保する最終の責任者は作業者と管理監督者です。熱処理は他の工程と比較して信頼と信用が最も重要な職場です。そのためには常に関係者の教育啓蒙と、熱処理の品質を理解し正しい作業を行うことが重要です。

要点BOX

- ●加熱炉には多くの管理すべきポイントがある
- ●熱処理工場で品質を確保する最終の責任者は作業者と管理監督者である

炉内のファン点検

浸炭炉のチェックの例

チェック日付 / チェック項目	日	月	期
電流・電圧の計器は正しいか			
昇温速度は適正か			
温度調節器は異常ないか			
炉の扉は確実に閉まっているか			
炉内ファンは順調か			
⋮			

熱処理用装置や機器の基準例

項　目	基　準（マザー）
温度計測	標準の温度計測器（熱電対と測定器）
硬さ	標準硬さ試験片
材質	標準火花試験片
浸炭深さ	標準テストピース（目測用）
浸炭ガス	露点計※
冷却剤	焼入油の色見本（管理用）
割れ	標準のヘアークラック試験片
⋮	⋮

※露点計は浸炭ガス中の水分を手動で測定し、浸炭能を判断することができる

63 確実な熱処理と品質

処理中には目に見えない欠陥

熱処理は形状変化を伴わないため非常に観察しにくく、品質を確保するには難しい面があります。しかし、その対策を考え実行するのは極めて重要です。熱処理の品質は熱処理を行うセクションや作業者および管理者の信用に任せることになります。もちろん硬さは外部から測定することは可能です。しかし、脱炭があって表面部だけがとくに硬さが低くなる場合や、製品の測定個所によって硬さが異なることもあります。そうなれば、必ずしも熱処理がうまくいかなかったとも言えないわけです。

熱処理は担当者と熱処理外部者（注文者や後工程者）の関係が相互に理解し合って、真の熱処理の品質を議論しなければなりません。もちろんその前提には設計上の確保しなければならない条件があり、設計者は何を望んでいるのか、熱処理でどんな状況が確保できたらいいのかを確立しておかなければなりません。

また、熱処理では、製品に実施する工程ごとの熱処理の記録をとり保管しておくことが重要です。これが後日のトレーサビリティになります。

よくある仕損じに焼入れ時の硬さ不足があります。これに対しては、確実に焼なましたあとに焼入れを行うべきです。焼戻温度で調節するなど論外です。

焼割れはやり直しは効かないため、重大な欠陥です。焼割れは大小にかかわらず基本的に回復の余地はありません。しかし、仕損じの損失が大きくなればどうしても修正して製品を生かしたい気持ちはよくわかります。熱処理の工場をよく観察すると隅に溶接機を見かけます。溶接機は熱処理工場には不要な機器ですが、残念なことに焼割れが発生したときに溶接して直すために利用するようです。

焼割れが生じていることをチェックしないで後工程に送ることは、重大なクレームになります。割れ検査は工場に似合った方法を立てて品質を確立しなければなりません。

要点BOX

- 仕損じのリカバリーには的確な処理を行う
- 焼割れは重大なクレームになるため、確実に割れ検査を行える体制を整える

熱処理の記録項目例

項　目	記録と管理内容
炉内温度	炉内温度測定と自動記録と保管（製造番号と記録用紙の対比）
焼入油温	同上
ガス分析	分析値の記録と保管（ガス浸炭、ガス窒化など）
テストピース（T.P）	同一チャージのT.Pチェックと保管（ガス浸炭、ガス窒化など）
硬さ	測定と記録および保管（製造番号と記録の対比）
割れ検査	検査（方法の明示）と記録

硬さ記録例

注 文 先			日　時	
製造番号			測定位置図	
工程番号				
品　　名				
個　　数				
材　　質				
硬さ結果				
測 定 器			担当者	

Column

破面は語る

1985年8月、日航ジャンボ機が御巣鷹山に墜落して不幸にも多数の犠牲者が出ました。事故の原因は機体後部の隔壁が一瞬に吹き飛び、尾翼も破損して操縦不能になったためです。隔壁が破壊されたため種々の観点から調査が進み、その結果、隔壁の破面に疲労の痕跡があり、微小亀裂が時間の経過とともに進展して破壊につながったと結論が下されました。

金属材料の破面は破壊の原因を物語ります。金属の破面は樹木や人骨などの生物には見られない特徴を残すからです。金属材料の分野では、金属の破面の貴重なデータがたくさん残されています。

金属材料が急激に破壊したときと、徐々にある外部荷重を受けて微小な割れ(ヘアークラック)が進み、長時間を経過して破壊されたときの破面とは異なります。後者は外部からの荷重の大きさ、荷重がかかった方向(回転や曲げの繰返しなど)、割れに至った経過時間がかなり正確に推定できます。そのため、破壊の原因調査には破面の観察は欠くことができない専門分野になっています。

ある朝、筆者が自転車通勤しているとき、脇道から突然出てきた自動車にぶつけられ転倒しました。歩くことはできたので、自転車に乗ろうとすると、自転車のペダルが根元から曲がっていて漕げない状態でしたから、運転手の頼みで近くの修理店の店主が、ペダルの軸をハンマーで叩いて曲がりを直しました。

それから3カ月後のある日、同じ自転車で通勤していたところ、突然ペダルが根元の軸から折れてしまいました。以前の事故を忘れていたので、なぜかと思い、専門だけにしげしげと軸の破面を観察しました。

その途端、破面が疲労破壊であることがすぐにわかりました。最初の亀裂の発生は何かと考えた末、軸をハンマーで叩き直したことを思い出しました。推定するに、叩き直したときに、軸に微小なクラックが生じたのでしょう。そうして割れが毎日少しずつ進展し、軸は残りの断面積で荷重を許容できなくなったときに折れたのです。

疲労破壊を防止するためには、ヘヤークラックを発生させないことが最も重要な要件です。微細だから大丈夫というわけではなく、この微細な割れが大きな割れより重大なのです。

マ

ヤ

ラ

タ

ナ

ハ

索引

今日からモノ知りシリーズ
トコトンやさしい
熱処理の本

NDC 566.3

2005年10月30日　初版 1刷発行
2025年 3 月14日　初版24刷発行

©著者　坂本　卓
発行者　井水 治博
発行所　日刊工業新聞社
東京都中央区日本橋小網町14-1
（郵便番号103-8548）
電話　書籍編集部　03(5644)7490
販売・管理部　03(5644)7403
FAX　03(5644)7400
振替口座　00190-2-186076
URL https://pub.nikkan.co.jp/
e-mail info_shuppan@nikkan.tech
印刷・製本　新日本印刷（株）

●DESIGN STAFF
AD――――――志岐滋行
表紙イラスト―――黒崎　玄
本文イラスト―――輪島正裕
ブック・デザイン――奥田陽子
（志岐デザイン事務所）

●
落丁・乱丁本はお取り替えいたします。
2005 Printed in Japan
ISBN　4-526-05540-9　C3034

●定価はカバーに表示してあります

●著者略歴

坂本　卓（さかもと・たかし）

1968　熊本大学大学院修了
同年三井三池製作所入社、鍛造熱処理、機械加工、組立、鋳造の現業部門の課長を経て、東京工機小名浜工場長として出向。復帰後本店営業技術部長。
熊本高等専門学校（旧八代工業高等専門学校）名誉教授。（米）ペンシルベニア大研究員。
（有）服部エスエスティ取締役。
三洋電子（株）技術顧問。
阿蘇バイオフーズを立ち上げ代表。
講演、セミナー講師、経営コンサルティング、
木造建築分析、発酵食品開発。
工学博士、技術士（金属部門）、
中小企業診断士。

著書　『おもしろ話で理解する　金属材料入門』
『おもしろ話で理解する　機械工学入門』
『おもしろ話で理解する　製図学入門』
『おもしろ話で理解する　機械工作入門』
『おもしろ話で理解する　生産工学入門』
『おもしろ話で理解する　機械要素入門』
『トコトンやさしい　変速機の本』
『よくわかる歯車のできるまで』
『絵とき「機械材料」基礎のきそ』
『絵とき熱処理の実務』
『絵とき「熱処理」基礎のきそ』
『熱処理現場ノウハウ99選』
『絵ときでわかる材料学への招待』
『ココからはじめる熱処理』
『おもしろサイエンス　身近な金属製品の科学』
『おもしろサイエンス　発酵食品の科学』
『おもしろサイエンス　元素と金属の科学』
（以上、日刊工業新聞社）
『熱処理の現場事例』（新日本鋳鍛造協会発行）
『やっぱり木の家』（葦書房）